U0395933

医疗器械生产统计技术应用

北京国医械华光认证有限公司　编

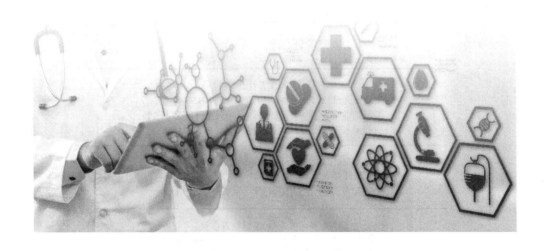

苏州大学出版社

Soochow University Press

图书在版编目(CIP)数据

医疗器械生产统计技术应用／陈志刚,郭新海主编;
北京国医械华光认证有限公司编.—苏州:苏州大学出
版社,2021.5
ISBN 978-7-5672-3433-8

Ⅰ.①医… Ⅱ.①陈… ②郭… ③北… Ⅲ.①医疗器
械–生产统计–研究 Ⅳ.①TH77

中国版本图书馆 CIP 数据核字(2021)第 079614 号

医疗器械生产统计技术应用

YILIAO QIXIE SHENGCHAN TONGJI JISHU YINGYONG

陈志刚　郭新海　主编

责任编辑　李　娟

苏州大学出版社出版发行
(地址:苏州市十梓街 1 号　邮编:215006)
苏州工业园区美柯乐制版印务有限责任公司印装
(地址:苏州工业园区东兴路 7-1 号　邮编:215021)

开本 787 mm×1 092 mm　1/16　印张 13.25　字数 231 千
2021 年 5 月第 1 版　2021 年 5 月第 1 次印刷
ISBN 978-7-5672-3433-8　定价:69.00 元

若有印装错误,本社负责调换
苏州大学出版社营销部　电话:0512-67481020
苏州大学出版社网址　http://www.sudapress.com
苏州大学出版社邮箱　sdcbs@suda.edu.cn

《医疗器械生产统计技术应用》

编 委 会

主　编：陈志刚　　郭新海

副主编：冷德嵘　　李朝晖　　刘　洋

编　委：（按姓氏笔画排序）

王　晨　　王　辉　　方菁嶷

刘　洋　　李　宁　　李朝晖

冷德嵘　　陈志刚　　胡福康

段文琪　　郭新海　　常　佳

缪　洁

主　审：沈月平

PREFACE 前 言

　　我国医疗器械行业经过多年的努力发展，已经取得了骄人业绩和巨大进步，大多数医疗器械生产企业按照《医疗器械监督管理条例》《医疗器械生产质量管理规范》《医疗器械　质量管理体系　用于法规的要求》等法律法规、国家及行业标准的要求建立质量管理体系，构成以确保医疗器械安全有效为主体的管理模式。自2014年以来，国家相关部门进一步修改和完善医疗器械监管法规体系，并按照习近平总书记在2015年提出的"最严谨的标准、最严格的监管、最严厉的处罚、最严肃的问责"，即"四个最严"要求，实施医疗器械全生命周期的监管。2021年2月9日，国务院发布第739号令，公布新修订的《医疗器械监督管理条例》，对医疗器械的生产、经营、使用等环节提出了更加明确、更加科学的监管要求。向社会提供安全有效的医疗器械产品是医疗器械生产制造企业必须承担的主体责任。

　　医疗器械行业是多学科交叉、知识密集和资金密集型高新技术产业。在医疗器械生产制造过程中将科学、先进的管理理念与医疗器械产业实际相结合，对规范产品实现全过程的管理已产生了巨大的作用，为促进医疗器械产品质量的提升、促进医疗器械行业的发展、促进医疗器械监管水平的提高、促进生命健康事业的发展做出了卓越贡献。在医疗器械产品的设计开发、生产制造、质量控制、抽样检查等环节需要采用统计技术来发现其特有的规律，从事医疗器械设计开发、生产制造、经营管理、临床试验和行业监管的专业人员必须借助统计学的基本理论和工具方法实施全过程的管理。

社会经济的发展与科学技术的进步改变着产业界的生产方式和营销模式，也改变着人类的生活方式。在互联网信息化时代，医疗器械行业发展过程中的生产管理概念和内涵都发生了深刻的变化，科学管理的理论和方法不断发展，对从业人员提出了更多、更高的要求。目前我国经济已进入高质量发展时代，质量已成为社会经济运行中各行各业关注的焦点。为确保医疗器械产品安全有效，满足相关法律法规和质量管理体系要求，采用新的管理方法和管理技术是医疗器械行业发展所面临的相当艰巨而繁重的任务。无论是当前还是未来，医疗器械企业在采用科学先进的管理模式、运用统计技术工具和方法、不断提升企业管理水平等方面都面临着严峻的挑战。医疗器械企业专业人员学会数据分析，灵活应用统计技术、统计工具和统计方法是目前迫切而艰巨的任务。为不断提高医疗器械产品质量，保障人民生命安全，推动医疗器械行业的健康、稳步发展，《医疗器械监督管理条例》《医疗器械生产质量管理规范》《医疗器械　质量管理体系　用于法规的要求》等法规和标准都对医疗器械生产经营活动提出了应用统计技术的要求。为此，北京国医械华光认证有限公司组织编写了《医疗器械生产统计技术应用》这本教材。本教材内容丰富，较为系统地介绍了医疗器械概述、统计技术基础概述、医疗器械产品实现过程中的统计技术应用以及统计技术在医疗器械监督管理中的应用等各项活动的基本要求。编写本教材的初衷仅是为医疗器械生产制造企业及其他相关机构在应用统计技术方法的过程中提供参考。

北京国医械华光认证有限公司于2015年12月底组织了本教材的审稿会，参加会议的有北京市药品监督管理局、江苏省药品监督管理局、上海市药品监督管理局审评中心、江苏省药品监督管理局审评中心、苏州大学公共卫生学院、苏州大学卫生与环境技术研究所、苏州大学出版社、中科院生物医学工程技术研究所、南京双威生物医学科技有限公司、南通爱普科学仪器有限公司等单位的相关领导和专家。这次会议对本教材进行了认真审定，与会代表提出了很多宝贵的意见和建议。以此为起点，北京国医械华光认证有限公司根据获得的意见和建议，数年间对教材内容进行了多次的讨论和修改。但由于近几年医疗器械行业发展迅速，法律法规推陈出新，加之编者的知识和经验存在局限，错误之处在所难免，欢迎社会各界和行业同人提出宝贵的意见与建议。

本教材在编写过程中得到了苏州大学沈月平教授的大力支持，沈教授在百忙之中对教材进行了认真的审阅并给予了充分的指导。南微医学科技股份有限公司对教材的出版工作给予了积极的支持。在此，北京国医械华光认证有限公司谨向关心和支持本教材编写、出版等工作的各位领导、专家与同人表示衷心的感谢和崇高的敬意！

北京国医械华光认证有限公司

2021 年 4 月

目 录
Contents ········

医疗器械概述

医疗器械是多学科、知识密集、资金密集型高科技产业，其发展水平在很大程度上体现了国家和地区的卫生健康水平，体现了国家科学技术水平和先进制造业的综合实力。近十年来，我国医疗器械行业得到了高速发展，新技术、新产品不断涌现。本章简要介绍国内外医疗器械行业的质量管理体系建设、产品上市以及政府行政监管的法规要求。

第一节 医疗器械质量管理体系

21世纪初期，全球医疗器械产业得到了高速发展，为加强产品质量管理，打破贸易技术壁垒，实现自由贸易的大环境，国际标准化组织（International Organization for Standardization，简称"ISO"）在2003年发布了ISO 13485：2003《医疗器械 质量管理体系 用于法规的要求》标准，该标准在医疗器械行业得到了广泛的应用。20多年来，随着社会的变革和经济的发展，新一轮工业革命的兴起又为医疗器械行业的发展提供了重大契机。医疗器械的生产方式和营销模式正在改变，全球市场一体化进程的不断深入导致医疗器械产业链不断延伸、日趋复杂，社会公众对医疗器械的安全性和有效性提出了更高的要求，这既是医疗器械企业面临的质量管理工作的新课题，也是医疗器械监管机构面临的新挑战。为此，很多国家都在不断地对医疗器械的法规和标准进行修订和调整。

为了适应世界各国和地区医疗器械法规的重大变化、质量管理技术发展的实践，满足医疗器械产业发展的需要，加强 ISO 13485 标准和医疗器械法规的兼容性，满足医疗器械用户和监管不断增长的需求和期望，实现 ISO 13485 标准的价值，国际标准化组织启动了对 2003 版 ISO 13485 标准的修订工作，于 2016 年 3 月 1 日正式发布了经修订的 ISO 13485：2016《医疗器械　质量管理体系　用于法规的要求》标准。新版标准相对于 2003 版标准适用性更强，应用范围更大，医疗器械法规的兼容性更强，标准的动态性要求更高。新版标准充分体现了加强医疗器械生命周期的质量管理，推动法规要求贯彻落实，确保医疗器械安全有效，提高质量管理体系适宜性、充分性、有效性的思想，为建设规范化的医疗器械产业链指明了方向和途径，将医疗器械质量管理工作推向了新阶段，对于医疗器械产业发展有着十分重大的现实意义和深远的历史意义。

一、ISO 13485 标准

（一）ISO 13485 标准的概况

ISO 13485《医疗器械　质量管理体系　用于法规的要求》标准是由国际标准化组织 ISO/TC 210（医疗器械质量管理和通用要求技术委员会）制定的国际标准。该标准是在总结医疗器械制造商的经验、依据科学管理理论和七项质量管理原则的基础上制定的。按照这个标准建立质量管理体系对于提高组织的管理水平，促进医疗器械产品质量水平的提升，提高企业的竞争能力等具有十分重要的意义。ISO 13485 标准适用于不同类型和规模的医疗器械组织，针对医疗器械产品提出了相关的专业要求和必须遵循的法规要求。

（二）ISO 13485 标准的基本思想

ISO 13485 标准科学、系统、全面地提出了对医疗器械组织的管理要求。从客观角度提出医疗器械组织要在技术和管理方面具备一种能力，即保证稳定地提供满足顾客需求和符合法规要求的安全、有效的医疗器械产品。

ISO 13485 标准的作用充分体现在两个方面：一是指导作用，二是提供信任、质量保证作用。

指导作用是指"本标准规定了质量管理体系要求，组织可依此要求对医疗器械生命周期的一个或多个阶段进行管理，涉及医疗器械的设计和开发、生产、贮存和流通、安装或服务以及相关活动的设计和开发或提供。本标准也能用于向这类组织提供产品的供方或外部方"。

提供信任、质量保证作用是指"本标准也可用于内部和外部（包括认证机构）评定组织满足顾客和法规要求的能力"和"本标准为需要证实其有能力提供持续满足顾客要求和适用于医疗器械及相关服务的法规要求的组织规定了质量管理体系要求"。

（三）实施 ISO 13485 标准的意义

（1）ISO 13485 标准采用了以"过程方法"为基础的质量管理体系模式，提出了质量管理体系由管理职责、资源提供、产品实现、测量分析改进四大过程组成，有利于企业将自身的过程与标准相结合，获得期望的结果。

（2）ISO 13485 标准中的法规要求是指相关适用于医疗器械行业的法律法规。通过实施 ISO 13485 标准，建立对产品实现全过程的控制体系，以确保医疗器械产品的安全有效。

（3）ISO 13485 标准将各国的法规要求融入标准，促进了全球医疗器械法规的协调，对打破医疗器械贸易壁垒，促进全球医疗器械交流和贸易发展将起到重大的作用。

（4）ISO 13485 标准中提出了风险管理的要求。在产品生命周期的全过程进行风险控制，降低制造商、使用者和利益相关方的风险，是确保医疗器械安全有效的必要条件。

二、质量管理体系的建立

医疗器械组织可以按 ISO 13485 标准的要求，规定质量管理体系所必需的过程，建立文件化的质量管理体系。最高管理者应推动质量管理体系的建立并加以实施和保持，通过监视测量和分析的手段，实施必要的纠正或预防措施，持续改进质量管理体系，确保质量管理体系的适宜性、充分性和有效性。

（一）质量管理体系模式

按照 ISO 13485 标准的要求，建立医疗器械组织的质量管理体系模式，主要分为四大过程：

1. 管理职责

组织的最高管理者为确保医疗器械产品满足规定要求，必须制定组织的质量方针和质量目标，坚持以顾客为关注焦点，识别顾客的需求和期望，明确组织内部各级人员的职责和权限，促进相关职能部门之间的有效沟通，按策划的时间间隔进行管理评审，寻找改进的机会，以保证质量管理体系的适宜性、充分性和有效性。

2. 资源提供

组织为确保质量管理体系的有效性，达到质量方针和质量目标所规定的要求，必须提供满足产品实现全过程所需的各项资源条件，包括人力资源、信息资源、基础设施和工作环境，按照标准的要求对企业进行规范的管理，以确保产品质量，提高顾客的满意度。

3. 产品实现

医疗器械产品必须满足相关的法律法规要求，确保安全性和有效性。制造商要对产品实现的全过程进行策划，实施风险管理，确定顾客和产品的相关要求，加强医疗器械产品的设计和开发，选择和评价合格供方，并在产品实现的全过程中进行有效的控制，以稳定并提高产品质量。

4. 测量分析和改进

应策划和实施对产品质量进行监视、测量、分析和改进的活动，以证实产品的符合性，并不断收集顾客的反馈信息，进行内部质量体系审核，对质量体系过程和产品实现过程进行监视和测量，运用数据分析和统计技术加强对不合格品的控制，实施纠正和预防措施，建立自我完善和自我改进的管理机制。

（二）质量管理体系文件要求

实施 ISO 13485 标准，必须建立文件化的质量管理体系，其文件结构应包括：

（1）质量方针和质量目标；

（2）质量手册和质量体系程序文件；

（3）相关工作规范、作业指导书；

（4）质量记录。

（三）建立质量管理体系的原则

（1）树立以顾客为关注焦点的指导思想，以满足医疗器械法律法规和顾客的要求；

（2）坚持以人为本，领导重视，全员参与；

（3）对组织的各项管理活动要求规范化、标准化，以打造产品质量的品牌化；

（4）坚持以预防为主，以使成本最低化，损失最小化，质量、效益最大化；

（5）保持质量管理体系的可操作性和有效性；

（6）追求卓越管理，建立互利的供方关系，以达到双赢的结果。

第二节　国外医疗器械分类与监督管理

世界各国政府对医疗器械产品的上市要求、分类规则及监管模式各不相同，但以欧盟、美国为典型代表的监管模式是当前全球医疗器械监管模式的主流。

一、欧盟医疗器械产品分类及上市要求

欧盟是一个集政治实体和经济实体于一身，在世界上具有重要影响的区域一体化组织，也是全球最大的医疗器械市场之一。欧盟这几年正在经历一个法规动荡期，2017 年 5 月 5 日，欧盟官方期刊正式发布欧盟医疗器械法规［Regulation（EU）2017/745，简称"MDR（Medical Device Regulation）"］。MDR 将取代 Directives 90/385/EEC（有源植入类医疗器械指令）和 93/42/EEC（医疗器械指令），依据 MDR Article 123 的要求，MDR 于 2017 年 5 月 26 日正式生效，并于 2020 年 5 月 26 日起正式取代 MDD（Medical Device Directive）（93/42/EEC）和 AIMDD（Active Implantable Medical Device Directive）（90/385/EEC）。MDR 实施之后，在三年过渡期内仍然可以按照 MDD 和 AIMDD 申请 CE 证书并保持证书的有效性。依据 Article 120 中 Clause 2 的规定，过渡期内 NB 签发的 CE 证书继续有效，但从其交付日期起有效期不超过 5 年，并且于 2024 年 5 月 27 日失效。2017 年 4 月，欧盟还颁布了体外诊断医疗器械法规［Regulation（EU）2017/746，简称"IVDR（In Vitro Diagnostic Regulation）"］，IVDR 将于 2022 年 5 月 26 日正式取代 98/79/EC。IVDR 对体外诊断产品审核要求的冲击将是巨大的，大量的原本属于"other"类的产品将被要求进行 CE 审核认证。

欧盟对医疗器械产品类别的划分充分考虑了患者身体受创的程度、与身体接触的持续时间、使用的部位以及能量等因素，并依据产品的风险高低分成四大类，即 I 类、IIa 类、IIb 类、III 类。

新的 MDR 中 Article 51 和 Annex VIII 详细阐述了产品的分类信息，主要变化是由 MDD 的 18 条改为 MDR 的 22 条，见以下对比表（表1-1）：

表 1-1　MDD 与 MDR 分类对比表

器械类型	MDD	MDR
非侵入式器械	Rule 1—Rule 4	Rule 1—Rule 4
侵入式器械	Rule 5—Rule 8	Rule 5—Rule 8
有源器械	Rule 9—Rule 12	Rule 9—Rule 13
特殊规则	Rule 13—Rule 18	Rule 14—Rule 22

其中 MDR，Rule 3 增加了用于体外直接从人体或人类胚胎取下体外使用的人体细胞、组织、器官，然后再植入或注入体内的一类器械，此类器械为Ⅲ类；Rule 8 在原来的基础上添加了有源植入器械或其相关附件、乳房植入物或心脏修补网状织物、完整或部分关节置换物、直接与脊柱接触的椎间盘置换植入物为Ⅲ类；Rule 9 在原来的基础上增加了针对治疗目的释放电离辐射的有源器械以及用于控制、监测或直接影响的有源植入式器械，这两大类器械均为Ⅱb类；Rule 11 为新增加的部分，此部分提出用于提供诊断或治疗决策信息和监测生理过程的软件，均为Ⅱa类，其他软件类为Ⅰ类；Rule 14 完善了衍生自人体血液或血浆的医疗产品分类的要求；Rule 18 完善了利用非活性或处理为非活性的人体或动物源组织或细胞或其他衍生物制成的器械的分类要求；Rule 19 增加了对纳米材料器械的分类要求；Rule 20 增加了通过吸入方式，与身体孔口相关的侵入器械的分类；Rule 21 增加了引入人体可吸收物质到人体的器械；Rule 22 增加了具有集成或合并诊断功能的有源治疗器械的分类。此外，MDR 还删除了 MDD 中对血袋的单独分类。欧盟目前对医疗器械的管理模式如下：

——Ⅰ类产品由制造商自行负责产品质量、安全性和有效性，并到生产所在国主管部门备案；

——Ⅱa类产品由公告机构审查，产品设计由制造商负责，公告机构主要检查质量体系；

——Ⅱb类产品由公告机构审查，检查质量体系，抽检样品，同时制造商应提交产品设计文件；

——Ⅲ类产品由公告机构审查，检查质量体系，抽检样品，并审查产品设计文件，特别是审查产品风险管理报告等。

在取得 CE 标志后，公告机构每年进行监督检查，以确保制造商持续生产出质量合格、安全有效的医疗器械。欧盟法规要求建立不良事件报告和反馈体系，各国主管当局要求医疗机构建立不良事件报告制度和植入性器械随访记录，制造商也必须建立不良事件档案，并作为质量体系检查的一项重要内容。

MDR 加强了对上市后的医疗器械监管，其中 Chapter Ⅶ 着重说明上市后监管、警戒和市场监管：

——建立、实施和维护上市后监管体系（Article 83）；

——强调上市后监管体系贯穿整个生命周期，并不断更新；

——建立上市后监管计划（Article 84），具体内容见 Annex Ⅲ；

—— Ⅰ 类器械编写上市后监管报告（Article 85）；

—— Ⅱ a，Ⅱ b 和 Ⅲ 类器械编制定期安全性更新报告（Periodic Safety Update Reports）（Article 86）；

——PSUR 需定期更新并作为技术文件的一部分；

——建立警戒和上市后监管电子系统（Article 92）；

——在整个器械使用寿命期间，依据实施上市后临床跟踪（Post Market Clinical Follow-Up）后取得的临床数据对临床评价及技术文件进行更新（Annex Ⅳ part B）。

此外，Annex Ⅲ 详细说明了要按照 Article 83—86 编写上市后监管的文件，包含上市后监管计划、上市后监管报告或定期安全性更新报告（PSUR）。

二、美国医疗器械产品分类及上市要求

美国对医疗器械的定义与欧盟及中国等略有区别。根据美国食品药品管理局（Food and Drug Administration，简称"FDA"）早先在 1938 年颁布的联邦食品、药品及化妆品法（Federal Food，Drug，and Cosmetic Act，简称"FD&C"）第 201（h）条中定义，所谓医疗器械是指符合以下条件的仪器、装置、工具、器具、插入导管、体外诊断试剂或其他相关物品，包括组件、零件或附件等：

——列于官方 National Formulary 或美国药典（USP）或前述二者的附录中的；

——预期用于动物或人类疾病或其他身体状况的诊断，或用于疾病治愈、缓解、治疗者；

——预期影响动物或人类身体的功能或结构，但不经由动物或人类身体或身体上的化学反应来达成其首要目的，同时也不依赖新陈代谢来达成其主要目的。

在这个定义下，不少在中国和欧盟不属于医疗器械的产品，在美国也被划为医疗器械监管。一些在欧盟属于玩具的产品，进入美国后则属于医疗器械，甚至属于 Ⅱ 类产品。

基于风险等级，美国 FDA 将医疗器械分为三类，目前列入 FDA 医疗器械产品目录中的共有 1 700 多个品种。任何一种医疗器械进入美国市场，首先要甄别申请上市的产品分类和管理要求：

——Ⅰ类医疗器械：为普通管理的产品，是指风险小或基本无风险的产品，通常只需要进行一般控制，包括注册、医疗器械列表、质量体系、标识要求、上市前通告、医疗器械报告等。

——Ⅱ类医疗器械：为执行标准管理的产品，是指具有一定风险的产品，除一般控制外还需要特殊控制，包括特殊标识要求、强制性标准、上市后监督等。

——Ⅲ类医疗器械：是指具有较大风险性或危害性，或用于支持、维护生命的产品，一般控制和特殊控制不足以为安全有效提供合理的保证，要求上市前批准。

FDA 对每一种医疗器械都明确规定其产品分类和管理要求。医疗器械进入美国市场的途径分为豁免、上市前通告〔510（K）〕、上市前审批（Premarket Approval，简称"PMA"）。医疗器械的分类确定了产品进入美国市场的程序，除非法规豁免。对于Ⅰ类产品，实行的是一般控制（General Control），大部分产品只需进行注册、列名和实施《医疗器械生产质量规范》（Good Manufacturing Practice，简称"GMP"），产品即可进入美国市场〔其中极少数产品连 GMP 也可豁免，极少数保留产品则需向 FDA 递交 510（K）申请，即 PMN（Premarket Notification）〕；对于Ⅱ类产品（占 46%左右），实行的是特殊控制（Special Control），制造商在进行注册和列名后，还需实行 GMP 和递交 510（K）申请〔极少数产品可以豁免 510（K）〕；对于Ⅲ类产品（占 7%左右），实行的是上市前许可，制造商在进行注册和列名后，必须实行 GMP 并向 FDA 递交 PMA（Premarket Application）申请。

所谓 510（K），即上市前通告，旨在证明该产品与已经合法上市的产品实质性等同。实质性等同的含义包括：与已上市的产品预期用途相同；产品新的特性不会对安全性或有效性产生影响；或虽然有对安全性、有效性产生影响的新特性，但是有可接受的科学方法来评估新技术的影响程度，以及有证据证实这些新技术不会降低其产品的安全性或有效性。

所谓 PMA，即上市前审批，是指提供足够的有效证据以证实医疗器械按照设计和生产的预期用途，能够确保产品的安全性和有效性。符合 PMA 的证明文件包括毒性、免疫、生物相容性、临床试验、风险管理等报告。

美国政府于 1987 年颁布了《医疗器械生产质量规范》（GMP），并在 1997 年公布了新修订的 GMP 规范，且更名为《医疗器械质量体系规范》（QSR）。该规范内容与 ISO 13485 标准类似，要求所有医疗器械制造商建立并且保持一个完整有效的质量管理体系。此外，美国政府对于上市后医疗器械实行强制性的上市后监测体系：

——质量体系检查：对Ⅱ、Ⅲ类产品每两年检查一次质量体系，Ⅰ类产品每四年检查一次质量体系。

——不良事件监测和再评价。

——对违规行为实施行政处罚，包括发警告信、扣押产品、提起诉讼、召回产品等。

三、日本医疗器械产品分类及上市要求

1948 年，日本政府颁布了首部《药事法》。在 2005 年开始实施的新版《药事法》中，在医疗器械监管方面增加了新型生物产品管理条例，对低风险医疗器械的第三方质量体系认证，评审高风险医疗器械的权限范围等内容。《药事法》参考全球协调组织（Global Harmonization Task Force，简称"GHTF"）的分类，将医疗器械分为四类：

——Ⅰ类医疗器械称为一般医疗器械，为低风险的医疗器械；

——Ⅱ类医疗器械称为受控类医疗器械，为中等风险的医疗器械；

——Ⅲ类和Ⅳ类医疗器械称为严格控制类医疗器械，为高风险的医疗器械。

日本医疗器械的监管机构是厚生劳动省 MHLW（Ministry of Health，Labor and Welfare），主要依据《药事法》对上市的药品、医疗器械进行监管。MHLW 下设负责评审的机构 PMDA（Pharmaceuticals and Medical Devices Agency），PMDA 成立于 2004 年 4 月 1 日，由国家卫生科学研究所、日本医疗设备促进会以及药品安全与研究组织的一部分职能部门组成。PMDA 通过收集、分析制造商提供的上市后的安全信息进行评审。

日本《药事法》规定了上市前的管理要求，医疗器械制造商制造的每一种产品都必须取得生产或上市批准。对于日本境内制造商，必须取得地方政府的上市许可证和制造业许可证；对于日本境外制造商，必须通过厚生劳动省的认可，并在日本国内指定一个上市许可持有者，该上市许可持有者负责实施产品质量控制体系和上市后安全控制体系。日本医疗器械上市分类审批控制表如表 1-2 所示。

表1-2 日本医疗器械上市分类审批控制表

种类	分类	是否有审核基线	审核方	质量体系
一般医疗器械	I 类	无	MAH（Marketing Authorized Holder）直接递交 PMDA	符合 ISO 13485 质量管理体系
受控类医疗器械	II 类	有	RCB	符合 ISO 13485/厚生劳动省令第一百六十九号的质量管理体系
		无	PMDA & MHLW	
严格控制类医疗器械	III 类	无	PMDA & MHLW	
	IV 类			

日本《药事法》规定，对于 I 类医疗器械必须获得地方政府的上市销售许可，大多数 II 类和所有 III 类及 IV 类医疗器械则需经厚生劳动省批准。II 类医疗器械必须通过第三方的质量体系认证。III 类和 IV 类医疗器械必须获得厚生劳动省的上市批准，并按医疗器械生产管理规范要求和产品质量控制标准进行检查，全部通过后才批准上市。针对 II 类器械，注册时一般分为两种情况，即有审核基线和无审核基线，如果有审核基线，该部分的审核可以由 RCB 进行审核。在确认审核基线的时候，需要根据日本医疗器械专用编码 JMDN，在 PMDA 的数据库里对应查找，每一个 JMDN 可以追溯到相关基线，也可以理解为开发出来的审核指南。对于严格控制类医疗器械和 II 类中无审核基线产品，必须由 PMDA 进行审核，并经过 MHLW 的批准后方可上市。

修订后的 2015 版《药事法》更加强调上市后的监督，为确保医疗器械产品的质量以及安全性和有效性，厚生劳动省制定了相关的医疗器械质量保证体系法规，明确了医疗器械上市后的职责。

四、澳大利亚医疗器械产品分类及上市要求

澳大利亚作为医疗器械全球协调工作组织成员国，在相关的医疗器械法规和管理制度中针对医疗器械安全性的基本原则，分别制定了对医疗器械品质安全和性能基本要求的符合性评价、生产过程的法规控制、警戒系统和不良事件报告机制。

1989 年，澳大利亚政府颁布了对医疗器械管理的《治疗商品法案1989》，该法案于 1991 年 2 月 15 日正式实施。该法案是基于确保公众健康和安全所设计的风险管理方法，为全国治疗商品的统一管理提供了法律依据。2002 年澳大利亚政府颁布了《治疗商品（医疗器械法规）2002》，对医疗器械的管理做出了详细的规定。基于医疗器械产品的风险等级，由低到高分为 I 类、II a 类、II b 类、III 类、AIMD 类（有源植入性医疗器械）五个类别。但无论是哪一类医疗器械，其上市销售前都必须得

到澳大利亚政府的准许，产品要符合医疗器械的基本要求，按照符合性评价程序进行审查。对于低风险的Ⅰ类医疗器械，虽然没有强制性的质量体系和上市前评估的明确要求，但要求制造商提供相关文件以证实其安全性和有效性。对于高风险的医疗器械，其质量、安全性、有效性必须要经过评估并在上市前获得批准。

澳大利亚政府要求各类医疗器械生产必须经过许可，生产过程必须符合相关的质量体系要求，具有质量保证的管理程序和控制能力。对于上市后的管理，澳大利亚政府采取上市后警戒——不良事件监测管理措施，并对医疗器械制造商、经销商、代理商都规定了强制性的要求，所有上市后的医疗器械通过进行包括不良事件的调查报告、上市产品的检验和监测等活动以保证其符合法规的要求。

五、加拿大医疗器械产品分类及上市要求

加拿大的《食品与药品法案》和1998年颁布的《医疗器械法规》构成了加拿大政府对医疗器械监管的基本框架。《医疗器械法规》参考了欧盟医疗器械指令中的基本要求，规定了医疗器械监管体系和原则，包括定义、分类、上市前审批、上市后监督和生产质量管理体系等要求。加拿大卫生部健康产品和食品局下设的医疗器械局主管加拿大境内医疗器械的生产与销售。按照产品风险等级由低到高，分为Ⅰ类、Ⅱ类、Ⅲ类、Ⅳ类四个类别。Ⅰ类医疗器械豁免注册，Ⅱ类、Ⅲ类、Ⅳ类医疗器械的制造商直接向卫生部申请获得医疗器械许可证。不同类别的产品申请时所需要提交的材料也各不相同，具体要求可参照加拿大医疗器械法规规定，但所有医疗器械制造商都必须向加拿大卫生部申请获得许可证或授权才能销售产品。Ⅰ类医疗器械制造商，Ⅰ类、Ⅱ类、Ⅲ类、Ⅳ类医疗器械进口商和销售商必须获得经营许可证。加拿大的《医疗器械法规》还包括实施ISO 13485质量管理体系标准的要求，生产Ⅱ类、Ⅲ类、Ⅳ类医疗器械产品的制造商必须获得由加拿大卫生部门认定的有资格的认证机构提供的质量体系认证证书。对于上市后的医疗器械管理采取市场监测措施，要求Ⅱ类、Ⅲ类、Ⅳ类产品制造商自始至终实施质量管理体系，建立不良事件监测系统。制造商申请Ⅰ类医疗器械不需要通过临床试验，Ⅱ类、Ⅲ类、Ⅳ类医疗器械应申请临床试验，并获准得到书面许可后方可实施。

六、俄罗斯医疗器械产品分类及上市要求

俄罗斯对医疗器械的监管执行1997年颁布的《俄联邦卫生部条例》，该条例规

定所有国内生产产品和国外进口产品都必须办理注册后才可以在市场上销售和使用。俄罗斯对医疗器械的分类基于风险高低的原则，共分为Ⅰ类、Ⅱa类、Ⅱb类、Ⅲ类。俄罗斯政府从 2002 年 7 月 1 日起，不再直接认可其他国家的注册证明。因而，产品注册证书是医疗器械产品获得允许在俄罗斯上市的一份重要文件，同时医疗器械产品还需要通过 GOST-R 俄罗斯国家标准认证。

俄罗斯健康和社会发展部（RZN）负责医疗器械的注册工作，申请注册时需要提交的文件包括：制造商经营执照、俄文版操作使用手册、产品彩页照片，如适用，还需提交电气安全、电磁兼容、生物学评价报告等。由于医疗器械在俄罗斯属于强制性认证的产品，在申请注册时，除应提交的产品注册文件之外，还需提供俄罗斯国家标准认证证书和卫生检疫检验证书。进口医疗器械在注册上市前需提供相关国家或国际性的证明文件，如原产国确认的 ISO 9001 和 ISO 13485 质量体系认证证书，或 FDA 证书、CE 证书、符合性声明、自由贸易证明等相关法规性文件。国外制造商还应提交委托注册申请授权书，以证实申请注册上市的产品及制造商符合国家或国际标准的要求。这些文件应能证明该产品已经在原产国作为医疗器械进行注册，并能体现生产过程中的质量管理体系控制要求。具体的注册流程如图 1-1 所示。

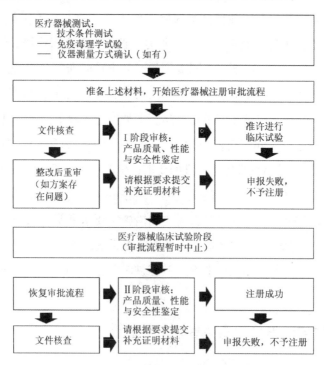

图 1-1　俄罗斯医疗器械产品注册流程图

七、韩国医疗器械产品分类及上市要求

医疗器械进入韩国市场需要通过药监部门的审批，并且在上市过程中接受监察。韩国卫生福利部下属的食品药品安全部（MFDS）负责对食品、药品、化妆品以及医疗器械进行监督管理。韩国食品药品管理局（KFDA）负责医疗器械的审批，KFDA的主要职责是：

——编制和修订医疗器械标准、规范和法规；

——加强医疗器械的监管，进行产品入市前的审核，提高医疗器械的安全性；

——实施和监管医疗器械的生产质量规范（GMP），提高医疗器械的安全性；

——医疗器械上市后的监管；

——提高医疗器械企业的竞争力。

韩国对医疗器械的定义与GHTF的定义类似。医疗器械是指单独或者组合使用于人体或者动物的仪器、设备、器具、材料或者其他物品，不包括《药事法》中的药品类似物和《残疾人福利法》第65条款中的残疾辅助器具（如人造假肢），其使用旨在达到下列预期目的：

——疾病的预防、诊断、治疗、监护、缓解；

——损伤或者残疾的诊断、治疗、监护、缓解、补偿；

——解剖或者生理过程的研究、替代、调节；

——妊娠控制。

韩国对医疗器械和体外诊断器械依据其潜在的危害分为四类，即Ⅰ类、Ⅱ类、Ⅲ类及Ⅳ类，其风险程度由低到高排序。在产品注册过程中，Ⅰ类产品可以直接在MFDS网上系统中进行备案，而Ⅱ类、Ⅲ类、Ⅳ类产品则需要申请上市前许可，其监管方式与日本类似，大部分Ⅱ类器械可以由第三方机构审核，Ⅲ类、Ⅳ类器械则由MFDS总部审核。医疗器械注册资料的编写参考GHTF的STED文件编排格式，主要文件包括：

——ISO 13485质量体系认证证书；

——产品使用说明书；

——产品宣传资料、广告；

——原材料检测报告；

——产品包装方式及包装内容；

——产品有效性文件（如货架寿命验证报告）；

——产品性能测试报告；

——临床试验报告（如适用）；

——软件系统文档（如适用）；

——电气安全和电磁兼容检测报告（如适用）；

——生物相容性检测报告（如适用）。

2007 年韩国开始对医疗器械生产质量规范进行强制要求。质量规范的内容类似于 ISO 13485 标准要求，Ⅰ类器械可以豁免，但是其他类别器械都需要做现场审核。另外需要注意的是，针对临床用的器械，必须符合 KGMP 的生产过程，具备相关的生产记录。

第三节　国内医疗器械分类与监督管理

为确保医疗器械产品的安全性和有效性，我国政府成立了相应的监督管理机构，制定了相关的法律法规，并明确规定不符合法律法规要求的医疗器械产品不得进入市场，满足法律法规要求是医疗器械市场准入的基本条件。

一、国内医疗器械产品分类及上市要求

根据医疗器械产品的风险，我国对医疗器械产品的监管实行分类、分级管理，并制定了《医疗器械分类规则》（国家食品药品监督管理总局令第 15 号）。

1. 分类的依据

医疗器械按结构特征分为有源医疗器械和无源医疗器械，按是否接触人体分为接触人体器械和非接触人体器械。

2. 上市前的管理

Ⅰ类：指风险程度低，实行常规管理可以保证其安全有效的医疗器械产品。生产Ⅰ类医疗器械，由备案人向社区的市级药品监督管理部门提交备案资料。

Ⅱ类：指具有中度风险，需要严格控制管理以保证其安全有效的医疗器械。生产Ⅱ类医疗器械，由省、自治区、直辖市药品监督管理部门审查，批准后发放医疗器械

注册证。

Ⅲ类：指具有较高风险，需要采取特别措施严格控制管理以保证其安全有效的医疗器械。生产Ⅲ类医疗器械，由国家药品监督管理局审查，批准后发放医疗器械注册证。

对进口的Ⅰ类医疗器械备案，由备案人向国家药品监督管理局提交备案资料。对进口Ⅱ类、Ⅲ类医疗器械，由国家药品监督管理局审查，批准后发放医疗器械注册证。

二、国内医疗器械监督管理的发展

我国医疗器械工业是在新中国成立以后发展起来的。国家对医疗器械实行部门管理，先后分别由原国家轻工业部、化工部、第一机械工业部和卫生部主管。1978年成立国家医药管理总局（1982年易名为国家医药管理局），同时各省、自治区、直辖市先后成立医药管理局或医药总公司，一些地市也相应成立了医药管理机构。我国对医疗器械的监督管理是从20世纪80年代开始的，实行的是主管部门大行业管理。在20世纪80年代初期，机械、电子、航天、航空、船舶、轻工、化工、核工业、国防科工委及中科院等部委陆续涉足医疗器械领域。1987年国务院先后批转原国家计委和国家经委下发的《关于加强发展医疗器械工业的请示》和《关于发展医疗器械工业若干问题的通知》。这两个文件提出全社会要统筹规划和协调发展医疗器械产业，从而为医疗器械的迅速发展创造良好的环境。随之，原有传统的医疗器械行业观念被打破，医疗器械行业规模得到了迅速的扩大和发展。为适应全行业的快速发展，从1993年起，医疗器械管理法规的立法项目多次列入国务院的立法计划。1996年9月，原国家医药管理局发布《医疗器械产品注册管理办法》（第16号局令），明确为加强医疗器械管理，保障使用者的人身安全，维护使用者的权益，将医疗器械监管纳入政府管理。1998年，在原国家医药管理局的基础上组建了国家药品监督管理局，2003年改名为国家食品药品监督管理局。2013年国务院机构改革，组建了新的国家食品药品监督管理总局，将原分散在质监、工商、卫生等部门的相关职能实行统一归口管理。2018年3月，根据第十三届全国人民代表大会第一次会议批准的国务院机构改革方案，将国家工商行政管理总局、国家质量监督检验检疫总局、国家食品药品监督管理总局进行整合，组建国家市场监督管理总局，作为国务院直属机构。2018年4月10日，国家市场监督管理总局正式挂牌，并成立了隶属于国家市场监督管理总局的国家药品监督管理局。

2014 年 6 月 1 日，新修订的《医疗器械监督管理条例》（国务院令第 650 号）正式发布实施。2017 年 5 月 19 日，国务院发布了《国务院关于修改〈医疗器械监督管理条例〉的决定》（国务院令第 680 号）。2021 年 2 月 9 日，国务院公布新修订的《医疗器械监督管理条例》（国务院令第 739 号）。《医疗器械监督管理条例》规定：国家对医疗器械产品实行市场准入制度，包括企业准入和产品准入两个方面：

（1）企业准入：实行医疗器械生产企业、经营企业许可，取得医疗器械生产企业许可证（或备案）的生产企业方可生产医疗器械，取得Ⅱ，Ⅲ类医疗器械经营企业许可证（或备案）的经营企业方可经营医疗器械。

（2）产品准入：实行医疗器械上市前的许可，取得医疗器械注册证书（或备案）的产品方可上市销售。

为保证《医疗器械监督管理条例》的有效实施，原国家食品药品监督管理总局相继下发了一系列规章和规范性文件。医疗器械监管部门按照最严谨的标准、最严格的监管、最严厉的处罚、最严肃的问责四个最严的要求，实施医疗器械全过程的监管，我国医疗器械的监管工作进入了新的历史阶段。

2014 年 12 月 29 日，原国家食品药品监督管理总局发布《医疗器械生产质量管理规范》（2014 年第 64 号）（以下简称《规范》），《规范》以 YY/T 0287《医疗器械　质量管理体系　用于法规的要求》作为基础性参考文件，融入了我国医疗器械监管法规和相关标准，覆盖了所有医疗器械生产企业设计、开发、生产、销售和服务的全过程。2015 年 7 月 10 日，针对无菌、植入、体外诊断试剂医疗器械发布了《医疗器械生产质量管理规范附录》，规定了医疗器械生产质量管理规范的特殊要求。2016 年 12 月 21 日，原国家食品药品监督管理总局发布了《医疗器械生产质量管理规范附录定制式义齿》，对定制式义齿规定了特殊的要求。2018 年 1 月 1 日起，所有医疗器械生产企业应遵守《医疗器械生产质量管理规范》和《医疗器械生产质量管理规范附录》。《规范》的实施对统一医疗器械市场准入和企业日常监督检查标准，加强医疗器械生产全过程的质量管理，促进医疗器械生产企业提高管理水平，保证医疗器械产品质量安全有效，保障医疗器械产业全面、持续、协调发展起到了里程碑的作用。

为加强对医疗器械的监督管理，2017 年 2 月 8 日原国家食品药品监督管理总局根据《医疗器械监督管理条例》制定了《医疗器械召回管理办法》（总局令第 29

号），对国内已上市医疗器械的召回及其监督进行管理，控制存在缺陷的医疗器械产品，消除医疗器械安全隐患，保证医疗器械的安全、有效，保障人体健康和生命安全。

为加强对医疗器械网络销售和医疗器械网络交易服务的监督管理，保障公众用械安全，根据《中华人民共和国网络安全法》《医疗器械监督管理条例》《互联网信息服务管理办法》等法律法规，原国家食品药品监督管理总局于 2017 年 12 月 22 日发布了《医疗器械网络销售监督管理办法》（总局令第 38 号），该办法规范国内从事医疗器械网络销售、提供医疗器械网络交易服务及其监督管理。

为加强对医疗器械不良事件的监测和再评价，及时、有效控制医疗器械上市后风险，保障人体健康和生命安全，国家市场监督管理总局根据《医疗器械监督管理条例》制定了《医疗器械不良事件监测和再评价管理办法》（总局令第 1 号），该办法规范医疗器械不良事件监测、再评价及其监督管理。

为进一步明确管理者代表在质量管理体系中的职责，强化医疗器械生产企业质量主体责任意识，提升质量管理水平，根据《医疗器械生产监督管理办法》（总局令第 7 号）和《医疗器械生产质量管理规范》（2014 年第 64 号），国家药品监督管理局组织制定了《医疗器械生产企业管理者代表管理指南》（以下简称《指南》），于 2018 年 10 月 18 日发布。《指南》明确管理者代表的职责，规范管理者代表的管理要求，以确保质量管理体系科学、合理、有效运行，进一步保证医疗器械生产企业的合规化生产。

统计技术基础概述

医疗器械行业的生产过程、产品质量控制及临床试验需要借助统计技术发现其特有的规律，从事医疗器械生产、销售、临床试验和监管的专业人员必须借助统计学的基本理论和方法，不断提高医疗器械产品的质量，保障人民的生命和健康，推动医疗器械行业健康发展。本章将简要介绍与医疗器械行业相关的基本统计知识。

第一节　医疗器械统计技术基础知识

YY/T 0287/ISO 13485 质量管理体系标准在诸多条款中都规定了统计技术的应用要求，如产品实现过程中的设计、开发、验证和确认过程，测量分析和改进过程中的数据分析，产品的监视和测量等。统计技术的有效应用能更好地对质量管理体系过程趋势进行分析指导，从而得到预期的过程能力输出。

统计学是以概率论为基础的应用数学的一个分支，是研究随机现象中确定的统计规律的学科。统计技术包括统计推断和统计控制两大内容。

（1）统计推断指通过对样本数据的统计计算和分析，预测尚未发生的事件，对总体质量水平进行推断。

（2）统计控制指通过对样本数据的统计计算和分析，采取措施消除过程中的异常因素，以保证质量特性的分布基本保持不变，即达到稳定的受控状态。

一、统计技术在医疗器械质量管理体系中的重要性

（一）数理统计在质量管理中的早期应用

把数理统计应用到质量管理中去，这种方法叫统计质量控制（Statistical Quality Control，简称"SQC"）。通过数理统计，寻找过程中的质量变异，针对变异特性采取预防措施，使质量管理从事后检验变为事先预防，从而确保产品质量，提高生产效率。美国政府大力倡导和推广 SQC，并把 SQC 定为国家标准。数理统计技术的应用推动了质量管理的发展，促进了产品质量的提高。在第二次世界大战期间，美国的军工生产无论在数量上还是质量上都居世界领先地位，二战后 SQC 得到了更加广泛的应用，因而使美国的产品质量进一步提升，同时也促使美国经济得到较快的发展。二战结束后，美国、欧洲、日本等都广泛使用了 SQC。从 20 世纪 50 年代开始，日本学习了美国质量管理的经验，结合国情创新和发展了 SQC，提出了包括设计、制造、销售、服务的全过程，全员参加的全面质量管理（Total Quality Control，简称"TQC"）。日本通过全面质量管理的推广应用，经过 20 多年的努力，其工业产品质量得到了显著提高，并在国际市场上享有很高的声誉。

（二）深化质量管理需要统计技术

医疗器械行业质量管理与统计技术的应用有着十分密切的关系。在质量管理八项原则中提出"基于事实的决策方法"，进一步说明数据分析的重要性。ISO 13485 标准 8.4 条更加明确了数据分析的要求：应建立形成文件的程序，确定、收集、分析数据，以证实质量管理体系的适宜性和有效性。在 GB/Z 19027 统计技术指南标准中，明确了统计技术的重要性和应用方法。目前，很多医疗器械生产企业广泛运用统计技术，深化质量管理，进行产品改进、工艺改进、管理改进，都取得了显著的效果。

二、基本概念

1. 统计学（Statistics）

统计学是根据概率论和数理统计的原理，通过设计、收集、整理、分析研究数据变异的一门科学。

2. 医疗器械统计学（Medical Devices Statistics）

医疗器械统计学是将统计学的原理和方法应用到医疗器械的生产、研发和临床验证等领域，研究医疗器械行业相关数据收集、整理和分析的一门应用学科。

3. 同质（Homogeneity）和变异（Variation）

同质是指根据研究目的所确定的性质相同或主要影响因素相同的事物。例如，研究某种亲水接触镜的视力矫正效果（指同一厂家生产、同一型号），某年某地 7 岁男童的身高（时间、地点、年龄和性别同质），新药临床试验中实验组和对照组的年龄、性别和疾病的严重程度基本相同。变异是指即使性质相同的事物其观察值也不尽相同。例如，即使是同一批生产的医疗器械，如血压计，其测量血压的准确度和精度也不尽相同；同一种抗肿瘤药物治疗相同性别、年龄和病情的病人，其疗效也各有不同。研究对象产生变异的原因主要是影响观察值的因素多种多样，有的尚不为人类所知。

正是由于研究对象存在变异，所以我们才需要学习统计学的基本原理和方法，去伪存真，从纷繁复杂的表面现象中发现其特有的规律，指导医疗器械的生产实践和临床验证，以做出科学决策。

4. 总体（Population）和样本（Sample）

总体是指根据研究目的所确定的同质观察对象或测量值的全体。这是一个抽象的概念。从总体包含的观察对象的数目来看，其分为有限总体和无限总体。事实上，即使是有限的总体，一般不大可能对总体中的每一个观察对象都进行调查和研究，其原因是总体中包含的观察对象数量庞大，或者是有些研究或检测不能对总体中的每一个对象都进行检查（如出厂产品的质量检测）。但如何了解和掌握总体的信息呢？我们可以借助抽样研究（Sampling Study）的方法，即从总体中随机抽取部分观察对象组成样本，再根据样本的信息来推断总体信息（图 2-1）。例如，验证某个批号的产品质量，这个批号的所有产品就是总体。研究总体中的个体往往很多，一个不漏地观察其中的所有个体常常是不可能的，有时即使可能也没有必要。科学的办法是从研究总体中抽取少量具有代表性的个体来进行观察（图 2-2）。抽样研究是统计学的核心思想，后面所涉及的总体参数估计和假设检验都建立在这种思想之上。

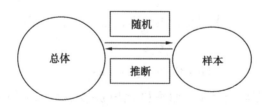

图 2-1　抽样研究示意图

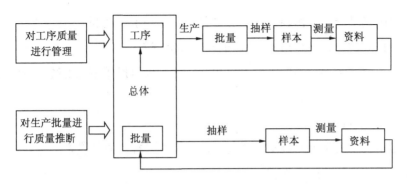

图 2-2 产品质量抽样研究示意图

5. 概率（Probability）

概率是表示随机事件发生可能性大小的数值度量。概率通常用 P 表示，$0 \leqslant P \leqslant 1$。当某事件发生的概率 $P \leqslant 0.05$ 或 $P \leqslant 0.01$ 时，统计学上习惯称该事件为小概率事件（Rare Event），表示在一次实验或观察中该事件发生的可能性很小，可以视为很可能不发生。统计学上常常将 $\alpha = 0.05$ 设为置信水平。

6. 统计工作的步骤

统计工作的步骤为研究设计、收集资料、整理资料和分析资料。分析资料又分为描述性统计和推断性统计。所谓描述性统计，即用统计图、统计表和统计指标描述资料的分布特征。而推断性统计是建立在抽样研究的基础上，用样本信息推断或比较总体参数的过程。关于描述性统计和推断性统计方法将在本节的第四部分做详细介绍。

7. 统计资料的类型

统计资料分为数值变量资料（Numerical Data，或称计量资料或定量资料）和分类变量资料（Categorical Data）。数值变量资料指用仪器进行定量测量的资料，表现为数值大小，一般有度量单位。例如，某医疗器械零件的加工尺寸（单位：cm）、人体身高（单位：cm）、体重（单位：kg）等。分类变量资料是指按一定的属性对研究对象进行分类，清点每个类别或属性中有多少个研究对象。其又分成二项分类和多项分类，后者又分为多项无序分类和多项有序分类，其中二项分类和多项无序分类叫计数资料。例如，辐照灭菌后，10 例样品中经检测有 9 例细菌阴性，1 例细菌阳性；某批次医疗器械产品，100 例样本中发现有 2 例不合格。这些资料为二项分类资料。100 个成年男子 A，B，AB，O 型血型的分类为多项无序分类资料，因为四种血型之间无明显的等级关系，但分类十分清晰。而多项有序分类也叫等级资料或半定量资料（Ordinal Data）。例如，50 例肾病患者尿检蛋白-、+、++、+++病例数的分布就属等级资料，原因是其分类有由轻到重的等级关系；某企业 1 月份产品出现严重不合格 2 件，重不合格 6 件，轻不合格 10 件，也属于等级资料。

在统计学中，不同类型的资料可以相互转化，也可以用不同的统计方法进行统计分析。

8. 误差（Error）

误差是指实验测量值与真实值之差，以及样本指标与总体指标之差。误差主要有过失误差、系统误差、随机误差。

（1）过失误差（Blunder Error）：或者直接叫作错误（Mistake），这是一类在医疗器械加工和研发过程中不允许发生的错误。例如，人为的记录错误、测量错误和分组错误等。医疗器械产品的研发工作要求尽量正确（Correct），消灭人为错误。

（2）系统误差（System Error）：这是一类有偏向性差值的误差。例如，所用测量仪器不准，天平没有校零，造成测定值偏大或者偏小。更多的系统误差可发生在人群调查中，流行病学研究中的系统误差亦称偏倚（Bias），包括选择偏倚、测量偏倚和混杂偏倚，将作为重点内容加以讨论和克服。调查应当得到真实的结果，而不能被偏离真值的夸张或缩小的结果所蒙骗。

（3）随机误差（Random Error）：也称"偶然误差"或"统计误差"。它有两重含义：一是用同一仪器对同一对象重复测量多次，每次测量结果不会完全相同，这是由偶然因素造成的；另一含义是指"抽样误差"，即指由于随机抽样造成的样本统计量与总体参数之间的差异。

9. 误差控制

（1）过失误差的控制：人为的过失在医学科研中是难免的，如加错试剂、实验数据记录有错、数据录入错误等。解决的方法是：认真准备、谨慎小心。除此之外，可采取一定的方法加以控制。例如，双人双盲从事同一项试验，将实验数据再次核对，录入数据库时采取双人双遍录入，并进行双遍校对和逻辑检查。

（2）系统误差的控制：在测量之前校正仪器，如天平校正零位，则可降低系统测量误差。

（3）随机误差的控制：随机误差是无法避免的，我们可以通过增加测量次数或样本量的方法降低随机误差。

三、基本分布

统计学中的统计描述和统计推断（参数估计和假设检验）均建立在随机变量（离散型随机变量和连续型随机变量）理论分布的基础之上。本节简要介绍三个重要的分布：正态分布（Normal Distribution）、二项分布（Binomial Distribution）和泊松分布（Poisson Distribution）。

（一）正态分布

1. 正态分布的概念

例 2-1　研究某地某年 12 岁男童身高分布规律，先抽取一个 120 例的样本，将120 例身高的观察值编制成频数分布表，如表 2-1 所示。

表 2-1　某地某年 120 名 12 岁男童身高（单位：cm）的频数分布

组段 x	频数 f	频率
[125, 129)	1	0.01
[129, 133)	4	0.03
[133, 137)	9	0.08
[137, 141)	28	0.23
[141, 145)	35	0.29
[145, 149)	27	0.23
[149, 153)	11	0.09
[153, 157)	4	0.03
[157, 161]	1	0.01
合计	120	1.00

根据表 2-1 中第 1 和第 3 栏数据可绘制直方图，图中所取组距相等，直条高度反映了该组段频率的大小，见图 2-3（a）。可以设想，若观察例数逐渐增多，组段不断分细，变窄，则直方图顶端逐渐接近一条光滑曲线，如图 2-3（b）所示。

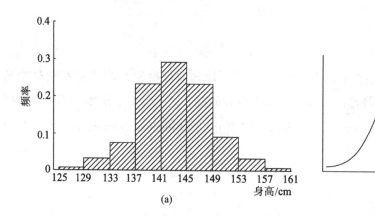

图 2-3　某地某年 12 岁男童身高的分布接近正态分布示意图

这条曲线称为频率曲线，略呈钟形，两侧低，中间高，左右对称，近似于概率分布中的正态分布曲线。频率的总和为 1，故正态分布曲线下，横轴上的面积也应为 1 或 100%。

正态分布的概率密度函数，也称为正态分布曲线，方程为

$$f(x) = \frac{1}{\sigma\sqrt{2\pi}}e^{\frac{-(x-\mu)^2}{2\sigma^2}}, \ -\infty < x < \infty \tag{2-1}$$

式中：μ 为总体均数，σ 为总体标准差，$\pi = 3.141\,59\cdots$（圆周率），$e = 2.718\,28\cdots$（自然对数的底），x 为随机变量。

可见，只要已知 μ 和 σ 两个参数，即可绘出正态分布曲线的图形。给定参数 μ 和 σ 的正态分布常用符号 $N(\mu, \sigma)$ 来表示。

概括起来，正态分布具有下列特性：

（1）正态分布只有一个峰值，位于 $x = \mu$ 处。

（2）正态分布以 $x = \mu$ 为对称轴左右对称。

（3）正态分布的两个参数 μ 和 σ 决定分布的位置和形状。μ 是位置参数，μ 增大，则曲线沿横轴向右移动；μ 减小，则曲线沿横轴向左移动。σ 是变异度参数，σ 越大，数据分布越分散，曲线越"矮胖"；反之，σ 越小，则数据分布越集中，曲线也就越"高瘦"。如图 2-4 所示。

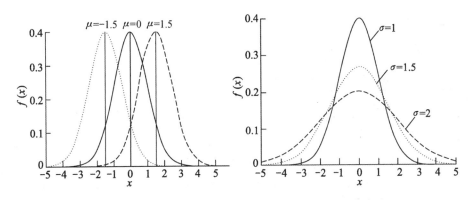

图 2-4 正态曲线位置、形状与 μ，σ 关系示意图

两参数 μ 和 σ 不同的正态分布，形成一组正态分布曲线族。为了便于一般化应用，如计算正态分布曲线下的面积分布，可通过变量变换

$$z = \frac{x - \mu}{\sigma}$$

得到一个新的服从正态分布的变量 z，且有 $\mu = 0$ 和 $\sigma = 1$。定义这样的正态分布为标准正态分布（Standard Normal Distribution），以符号 $N(0，1)$ 表示。可以证明，任意一个正态分布 $N(\mu，\sigma)$ 均可通过变量变换 $z = \frac{x - \mu}{\sigma} \approx \frac{x - \bar{x}}{s}$ 得到一个新的随机变量 $z \sim N(0，1)$，这一过程称为正态分布标准化。标准正态分布也称作 z 分布。z 分布的概率密度函数形式最为简单，研究分析它的分布特性最为方便。获得了标准正态分布的特性后，通过相应的变换关系即可推出一般正态分布的特性。由此可见标准正态分布具有特别重要的意义。

2. 正态分布曲线下面积分布规律

（1）正态分布是一种对称分布，对称轴为直线 $x = \mu$。因此 $x > \mu$ 和 $x < \mu$ 范围内曲线下面积相等，各为 0.5。在靠近 $x = \mu$ 处，曲线下面积分布较为集中，两边逐渐减少。整个正态分布曲线下面积为 1。

（2）以下几个特殊区间内正态曲线下面积分布会经常用到，应加以熟悉：

① $\mu \pm \sigma$，0.682 7；

② $\mu \pm 1.64\sigma$，0.909 0；

③ $\mu \pm 1.96\sigma$，0.950 0；

④ $\mu \pm 2.58\sigma$，0.990 0；

⑤ $\mu \pm 3.00\sigma$，0.997 3。

例 2-2 由 110 名 7 岁男童的身高资料求得 $\bar{x} = 121.95$ cm，$s = 4.72$ cm，可用上述特殊区间的面积分布来估计其频数分布，结果如表 2-2 所示。

表 2-2 110 名 7 岁男童身高频数实际分布与理论分布的比较

参考范围	数值/cm	身高范围/cm	理论频率/%	实际频数	实际频率/%
$\bar{x} \pm s$	121.95±1.00×4.72	117.23~126.67	68.27	75	68.18
$\bar{x} \pm 1.64s$	121.95±1.64×4.72	114.21~129.69	90.90	99	90.00
$\bar{x} \pm 1.96s$	121.95±1.96×4.72	112.70~131.20	95.00	104	94.55
$\bar{x} \pm 2.58s$	121.95±2.58×4.72	109.77~134.13	99.00	109	99.09

因为样本量（Sample Size）较大，可分别用 $\bar{x}$ 和 s 作为 μ 和 σ 的近似估计。将表 2-2 中理论频率与实际频率相比较，可以发现实际频率和理论频率十分接近。从这一角度也可以说明，7 岁男童身高这一随机变量是服从正态分布规律的。

（3）正态分布 $N(\mu, \sigma)$ 曲线下区间 $[x_1, x_2]$ 范围内的面积分布一般可用公式

$$D = \int_{x_1}^{x_2} \frac{1}{\sigma\sqrt{2\pi}} e^{\frac{-(x-\mu)^2}{2\sigma^2}} \mathrm{d}x \tag{2-2}$$

进行计算。

但是对于不同的正态分布 $N(\mu, \sigma)$，不同的区间 (x_1, x_2)，每次都作一次积分是非常麻烦的。解决这一问题的方法就是利用标准正态分布 $N(0, 1)$ 的性质。统计学家制作了标准正态分布表，见附表 1。表中列出了标准正态分布曲线下 $-\infty$ 到 z 范围内面积函数 $\varphi(z)$，如图 2-5 所示。由正态分布的对称性，仅计算 $z \leq 0$ 这一半。当 $z > 0$ 时，可由计算公式 $\varphi(z) = 1 - \varphi(-z)$ 求得。因此，在附表 1 中没有列出 $z > 0$ 时 $\varphi(z)$ 的值。例如，$\varphi(1.96) = 1 - \varphi(-1.96) = 1 - 0.025 = 0.975$。对于任意的 z_1 和 z_2（$z_2 > z_1$），要求标准正态分布曲线下 (z_1, z_2) 区间范围的面积 D，可查附表 1（或通过计算）得到 $\varphi(z_1)$ 和 $\varphi(z_2)$，则面积 $D = \varphi(z_2) - \varphi(z_1)$。

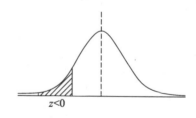

图 2-5 标准正态分布图

例 2-3 $z_1 = -1.50$，$z_2 = -0.31$，求标准正态分布曲线下（-1.50，-0.31）区间内的面积 D。

解 查附表 1 得 $\varphi(-1.50) = 0.066\ 8$ 和 $\varphi(-0.31) = 0.378\ 3$，则面积

$$D = \varphi(-0.31) - \varphi(-1.50) = 0.311\ 5$$

对于非标准正态分布 $N(\mu, \sigma)$，欲求其分布曲线下任一区间（x_1，x_2）范围内的面积，可先作标准化变换，再查附表 1 求得。

例 2-4 已知某地 2015 年 120 名 7 岁男童的身高 $\bar{x} = 122.0$ cm，$s = 4.7$ cm，试估计该地 7 岁男童身高在 118 cm 至 124 cm 范围内的比例及 120 名 7 岁男童中在此范围内的人数。

解 此例 $n = 120$ 为大样本资料，可用样本均数 $\bar{x}$ 和样本标准差 s 作为总体均数 μ 和总体标准差 σ 的近似估计，并作标准化变换

$$z = \frac{x - \mu}{\sigma} \approx \frac{x - \bar{x}}{s} = \frac{x - 122}{4.7}$$

由此可求得

$$z_1 = \frac{118 - 122}{4.7} \approx -0.851\ 1$$

$$z_2 = \frac{124 - 122}{4.7} \approx 0.425\ 5$$

$\varphi(z_1) = \varphi(-0.851\ 1) \approx \varphi(-0.85) = 0.197\ 7$（注：由于 z 界值表 z 值只有小数点后 2 位可查，故取近似值，下同）。

$\varphi(z_2) = \varphi(0.425\ 5) \approx \varphi(0.43) = 1 - \varphi(-0.43) = 1 - 0.333\ 6 = 0.666\ 4$。

所以面积 $D = 0.666\ 4 - 0.197\ 7 = 0.468\ 7 = 46.87\%$。即可估计出该地 2015 年 7 岁男童身高在 118 cm 至 124 cm 范围内的比例为 46.87%，120 名 7 岁男童中身高在此范围内的人数为 120×46.87% ≈ 56（人），即理论上推断 120 名 7 岁男童中约有 56 名的身高在 118 cm 至 124 cm 范围内。

3. 标准正态分布曲线下面积计算 SAS 程序

标准正态分布曲线下从 $-\infty$ 到 $-z$ 的面积用 probnorm（$-z$）计算，可以代替 z 界值表。

例如，计算 $\varphi(-1.96)$ 的面积 SAS 程序如下：

```
Data a;
D = probnorm (−1.96);
Proc print;
Run;
```

结果：$D = 0.024\ 998$。

（二）二项分布

1. Bernoulli 试验

二项分布（Binomial Distribution）是一种离散型随机变量的概率分布。医疗器械领域及医学卫生领域中经常会遇到此类分布。例如，想知道某批产品的质量如何，关注的是产品是否合格；用白鼠做某药毒性试验，关注的事件是白鼠是否死亡；用新疗法做临床试验，关注的是患者是否治愈；化验某指标，关注的是结果是否呈阳性等。以 A 表示所感兴趣的事件，A 事件发生称为成功，不发生称为失败。相应的这类试验称为成-败型试验或 Bernoulli 试验。

2. Bernoulli 试验序列

做 n 次 Bernoulli 试验所得结果按次序排列起来称为 Bernoulli 试验序列，该序列必须满足下列三个条件：

（1）每次试验结果只能是两个互斥结果之一（A 或非 A）。

（2）每次试验的条件不变，每次试验结果 A 事件发生的概率为常数 p。

（3）各次试验独立，即每次试验出现事件 A 的概率与前面各次试验出现的结果无关。

前述用白鼠做一定剂量毒物的毒性试验是满足以下三个条件的：

（1）试验的结果是白鼠非生即死，且"生"与"死"两结果互斥。

（2）第 2 个条件主要是要求试验结果出现死亡的概率相同，白鼠体重、种属、性别等影响用药结果，也就可能使得白鼠的死亡概率不同，满足不了条件（2）。因此实验用白鼠必须满足同种属、同性别和体重相近的要求。

（3）各次试验独立是指各个白鼠的试验结果不受其他白鼠试验结果的影响，这是比较容易满足的。可见最重要的是，控制试验用的 n 只白鼠在用同一剂量进行毒物试验后发生死亡的概率相同，以保证 n 只白鼠的毒性试验构造出一个 n 次 Bernoulli 试验序列。

3. 二项分布——成功次数的概率分布

例 2-5　有实验白鼠 3 只，做某种一定剂量毒物的毒性试验，结果为死亡记作事件 A，死亡概率 $P(A)=p$ 为一已知常数，试验后 3 只白鼠死亡 x 只，则 x 为一离散型随机变量，可能取值为有限个，即为 0，1，2，3，取这些值的概率如表 2-3 所示。

表 2-3　3 只白鼠各种试验结果及其发生概率

死亡数 x	存活数 $3-x$	试验结果 甲	乙	丙	试验结果概率	x 取值概率 $P(x)=C_3^k P^k (1-P)^{3-k}$
0	3	生	生	生	$(1-P)(1-P)(1-P)$	$P(x=0)=C_3^0 P^0 (1-P)^3$
1	2	死	生	生	$P(1-P)(1-P)$	$P(x=1)=C_3^1 P^1 (1-P)^2$
1	2	生	死	生	$(1-P)P(1-P)$	$P(x=1)=C_3^1 P^1 (1-P)^2$
1	2	生	生	死	$(1-P)(1-P)P$	$P(x=1)=C_3^1 P^1 (1-P)^2$
2	1	死	死	生	$PP(1-P)$	$P(x=2)=C_3^2 P^2 (1-P)^1$
2	1	死	生	死	$P(1-P)P$	$P(x=2)=C_3^2 P^2 (1-P)^1$
2	1	生	死	死	$(1-P)PP$	$P(x=2)=C_3^2 P^2 (1-P)^1$
3	0	死	死	死	PPP	$P(x=3)=C_3^3 P^3 (1-P)^0$

注：表中 $C_3^k = \begin{pmatrix} 3 \\ k \end{pmatrix}$，$k=0,1,2,3$。

构成 Bernoulli 试验序列的 n 次试验中事件 A 出现的次数为 x 的概率是

$$P(x=k)=\begin{pmatrix} n \\ k \end{pmatrix} P^k (1-P)^{n-k}, k=0,1,2,\cdots,n \tag{2-3}$$

其中：$\begin{pmatrix} n \\ k \end{pmatrix} = \dfrac{n!}{k!(n-k)!}$ 为从 n 个元素中抽取 k 个元素的组合数。

因为 $\begin{pmatrix} n \\ k \end{pmatrix} P^k (1-P)^{n-k}$ 是二项式 $[P+(1-P)]^n$ 展开式中的各项，故称此分布为二项分布。当 n 和 P 不同时，二项分布的概率是不同的，所以说 n 和 P 是二项分布的两个重要参数。若随机变量 x 服从以 n 和 P 为参数的二项分布，则记作 $x \sim B(n,P)$。

医疗器械生产中有许多服从二项分布的随机变量。例如，经过大量观察，某型号医疗器械的不合格率为 1%(P)，每个医疗器械生产质量是相互独立的，某批次 100 个医疗器械的不合格数就符合二项分布 $x \sim B(100,0.01)$；在医学卫生领域，只要人群中每人患病与否不受他人是否患该病的影响（疾病无传染性或无遗传性），在人群中随机抽取 8 人，则 8 人中患病人数服从二项分布 $x \sim B(8, P)$，P 是人群中患该病的总体患病率。

4. 二项分布的概率计算

例如，求最多发生 k 例，即 $x \leqslant k$ 的累计概率

$$P(x \leqslant k) = \sum_{i=0}^{k} P(x = i) \tag{2-4}$$

或求最少发生 k 例，即 $x \geqslant k$ 的累计概率

$$P(x \geqslant k) = \sum_{i=k}^{n} P(x = i) \tag{2-5}$$

例 2-6 据报道，服用某药品的人群中有 10% 的人发生胃肠道反应。为考察某药厂产品质量，随机抽取服用此药的 5 人，试求：

（1）3 人有反应的概率；

（2）最多 2 人有反应的概率；

（3）有人有反应的概率。

解 这相当于独立重复试验 5 次的 Bernoulli 试验，$P = 0.10$，有反应的人数 x 服从二项分布 $x \sim B(5, 0.10)$。

（1）3 人有反应的概率：

$$P(x = 3) = \binom{5}{3} (0.1)^3 (1 - 0.1)^2 = 0.008\ 1$$

（2）最多 2 人有反应的概率：

$$P(x \leqslant 2) = \sum_{k=0}^{2} \binom{5}{k} (0.1)^k (1 - 0.1)^{5-k} \approx 0.991\ 4$$

（3）当 $x = 0$ 时，

$$P(x = 0) \approx 0.590\ 5$$

所以有人有反应的概率为

$$P(x \geqslant 1) = 1 - P(x = 0) \approx 1 - 0.590\ 5 = 0.409\ 5$$

已知二项分布的两个参数：总体概率 P 及样本量 n，阳性数从 0 累积到 x 的概率可以用 SAS 函数 PROBBNML (P, n, x) 迅速求解。

上例最多 2 人有反应的概率的 SAS 程序为

```
Data a；
P＝PROBBNML (0.1，5，2)；
Proc print；
Run；
```

结果：$P=0.99144$，与公式计算结果一致。

如果求恰好 $x=2$ 的概率，SAS 程序中的 P 改成：

```
P＝PROBBNML (0.1，5，2)－PROBBNML (0.1，5，1)；
```

5. 二项分布的性质

（1）二项分布的均数和方差。

若 $x\sim B(n, P)$，则有：

x 的均数 $\qquad\qquad\qquad \mu_x=nP \qquad\qquad\qquad (2-6)$

x 的方差 $\qquad\qquad\qquad \sigma_x^2=nP(1-P) \qquad\qquad (2-7)$

x 的标准差 $\qquad\qquad \sigma_x=\sqrt{nP(1-P)} \qquad\qquad (2-8)$

例 2-7 在例 2-5 中假设 $P=0.4$，求试验后 3 只白鼠死亡数 x 的均数和方差。

解 由已知 $n=3$，$P=0.4$，得

x 的均数 $\mu_x=3\times0.4=1.2$。

x 的方差 $\sigma_x^2=3\times0.4\times(1-0.4)=0.72$。

x 的标准差 $\sigma_x=\sqrt{3\times0.4\times0.6}\approx0.85$。

（2）二项分布的正态近似（normal approximation）。

若已知 n 和 P 两个参数，可根据式（2-3）计算不同 x 取值的概率 $P(x)$。以 x 为横坐标，可能取值的概率 $P(x)$ 为纵坐标可绘制出二项分布的图形，如图 2-6 所示。

由图 2-6 可以发现，二项分布的位置和形状仅由 n 和 P 两个参数来决定。当 $P=0.5$ 时，图形对称；当 $P\neq0.5$ 时，图形呈偏态，但随着 n 增大，图形趋于对称。

概率论中的中心极限定理证明：当 n 足够大，且 P 不接近于 0 也不接近于 1 时，二项分布 $x\sim B(n, P)$ 近似于正态分布 $N(nP, \sqrt{nP(1-P)})$。二项分布的正态近似拓宽了二项分布的应用范围，应用十分方便。

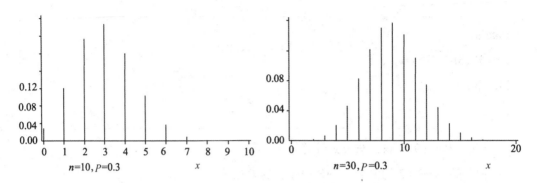

$n=10, P=0.3$ x $n=30, P=0.3$ x

图 2-6   二项分布示意图

（3）样本率的分布和正态近似。

① 样本率的分布。从一阳性率为 P 的总体中随机抽取样本容量为 n 的样本，如果满足二项分布的条件，则样本阳性数 x 服从二项分布 $B(n, P)$。样本阳性率 $P=\dfrac{x}{n}$ 也应服从 $B(n, P)$ 分布，即

$$P(x)=\binom{n}{x}P^x(1-P)^{n-x}$$

可以推导出：

样本率 p 的总体均数 $\qquad \mu_p=\dfrac{1}{n}\mu_x=P$ $\qquad\qquad\qquad$ （2-9）

样本率 p 的总体标准差 $\qquad \sigma_p=\dfrac{1}{n}\sigma_x=\sqrt{\dfrac{P(1-P)}{n}}$ $\qquad\qquad$ （2-10）

例 2-8　从阳性率 $P=0.6$ 的总体中随机抽取样本量为 16 的样本，求样本率 p 的均数和标准差。

解　按式（2-9）和式（2-10）计算

$$\mu_p=P=0.6$$

$$\sigma_p=\sqrt{\dfrac{0.6\times(1-0.6)}{16}}\approx0.122$$

样本均数的标准差称为均数的标准误。同样，样本率的标准差也称为率的标准误，它描述了样本率对于总体率分布的离散程度，也反映了样本率抽样误差的大小。

② 样本率分布的正态近似。当样本量 n 较大，总体率 P 不接近于 0 也不接近 1 时，样本阳性率也近似服从正态分布 $N(P, \sigma_p)$，则 95% 的样本率满足 $|p-P|\leqslant1.96\sigma_p$。

所以，当样本率 p 近似正态分布时，率的标准误 σ_p 可用来描述样本率的抽样误差。增大样本量 n 可以减少抽样误差。

实际应用时一般并不知道总体率 P 的具体数值，此时可用样本率 p 近似估计总体率 P 并计算

$$s_p = \sqrt{\frac{p(1-p)}{n}} \qquad (2\text{-}11)$$

作为率的标准误的近似估计。

例 2-9 随机抽取 100 件辐照灭菌医疗器械样品，其中有 10 件样品不合格，求不合格样本率的标准误 s_p。

解
$$s_p = \sqrt{\frac{\frac{10}{100} \times \left(1 - \frac{10}{100}\right)}{100}} = 0.03 = 3\%$$

（三）泊松分布

1. 泊松分布的概念

泊松分布（Poisson Distribution）也是一种典型的离散型随机变量的分布，主要用于描述事件出现概率很小而样本量或试验次数很大的随机变量的概率分布。医药卫生领域经常会遇到泊松分布，如研究细菌在单位容积或单位面积内的计数分布、某些无传染性罕见疾病患病人数的分布、放射性物质单位时间内放射次数、野外单位空间中某种昆虫的数目，以及辐照灭菌医疗器械样品不合格样品数目分布等。理论上可以证明泊松分布是二项分布的一个特例，是二项分布当 n 很大而 P 很小时的一种极限分布。由二项分布的概率公式可推导出泊松分布的概率计算公式为

$$P(x=k) = \frac{e^{-\lambda} \lambda^k}{k!} \qquad (2\text{-}12)$$

式中：e 为自然对数的底，$\lambda = n \cdot P$，n 为泊松分布的总体参数，k 为总体均数为 λ 时的阳性数，$k=0,1,2,\cdots$，可取无限可数个数值。

显然，$\sum\limits_{k=0}^{\infty} P(x=k) = 1$。我们称随机变量 x 服从以 λ 为参数的泊松分布，记作 $x \sim P(\lambda)$。泊松分布常用于描述单位时间（空间）稀有事件的发生数的分布，此时参数 λ 即为单位时间（空间）稀有事件的发生数（阳性数）的总体均数。二项分布当 n 很大而 P 很小时即逼近于参数 $\lambda = n \cdot P$ 的泊松分布。

2. 泊松分布的概率计算

例 2-10　若随机变量 x 服从 $\lambda = 3.6$ 的泊松分布，即 $x \sim P(3.6)$，则 x 的取值为 0 的概率可计算如下：

$$P(x=0) = \frac{3.6^0}{0!}e^{-3.6} \approx 0.027\ 3$$

3. 泊松分布的性质

（1）泊松分布的均数和方差。

由计算泊松分布的概率的式（2-12）可见，泊松分布只有一个参数 λ。这一参数既是泊松分布的总体均数，也是其总体方差，即

$$\mu = \sigma^2 = \lambda \tag{2-13}$$

例 2-11　设某灭菌水样品中平均每毫升有 8 个细菌，从该灭菌水样品中随机抽取 1 mL，水中的细菌数 x 服从参数为 $\lambda = 8$ 的泊松分布。

$$P(x=k) = \frac{8^k}{k!}e^{-8}, k = 0, 1, 2, \cdots$$

如果在该灭菌水样品中抽取无数个 1 mL，显然每个 1 mL 样品中的细菌数 x 各不相同，且抽样前无法知道 x 的数值，即 x 是随机变量，但可以知道 x 的均数和方差均为参数 $\lambda = 8$。

总体均数等于总体方差是泊松分布的一大特征。

（2）泊松分布的可加性。

随机变量 $x_1, x_2, \cdots, x_k$ 相互独立，分别服从参数为 $\lambda_1, \lambda_2, \cdots, \lambda_k$ 的泊松分布，则 $x = \sum\limits_{i=1}^{k} x_i$ 也服从泊松分布，且参数 $\lambda = \lambda_1 + \lambda_2 + \cdots + \lambda_k$。

例 2-12　已知某批次医疗器械经辐照灭菌后，每 10 件样品中不合格品数服从泊松分布，3 次测量结果分别为 1，0 和 2，那么每 30 件样品中的不合格品数也服从泊松分布，且参数 $\lambda = 1 + 0 + 2 = 3$，可认为每 30 件样品中不合格品数 x 服从泊松分布 $P(3)$。

（3）泊松分布的正态近似。

若已知参数 λ，可按式（2-12）计算不同 x 取值的概率，以 x 为横坐标，可能取值的概率 P 为纵坐标，可绘制泊松分布的图形，如图 2-7 所示。

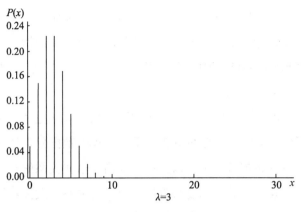

图 2-7 泊松分布示意图

由图 2-7 可以发现，随着参数 λ 的增大，泊松分布的对称性愈来愈好。数理统计证明：当 λ 足够大时，泊松分布趋向于正态分布。所以，只要 λ 相当大（如 λ ≥ 20），即可认为泊松分布近似于正态分布。利用泊松分布的正态近似可以更方便地解决不少泊松分布的统计推断问题。

四、统计分析常用方法概述

1. 统计描述

（1）统计描述是用统计图、统计表和统计指标描述资料的分布特征，是统计分析的重要组成部分。

在产品质量检验监管中，如果是定量资料，往往关注的是它们的集中趋势以及离散趋势。集中趋势往往指的是资料的平均水平，离散趋势指的是资料的变异度。根据资料的分布特征，我们往往选用不同的统计指标，如算术均数、中位数、几何均数等来描述资料的平均水平，用极差、四分位数间距、标准差、方差和变异系数来描述资料的变异程度，如表 2-4 所示。

表 2-4 定量资料不同分布类型描述适用的统计指标

分布类型	集中趋势	离散趋势
对称或正态分布	算术均数（$\bar{X}$）	标准差（s）
偏态分布	中位数（M）	四分位数间距（$P_{75}-P_{25}$）
对数正态分布	几何均数（G）	几何标准差（s_p）

分类变量资料可以用绝对数或相对数（Relative Number）来描述定性事件发生的阳性个数、频率强度或构成情况。相对数指的是两个有联系的指标之比，往往包括率（Rate）、构成比（Proportion）和相对比（Ratio）。描述率的变异程度指标用率的标准误表示（s_p）。

描述性统计提供的信息通常可以通过各种图表法有效地呈现，包括数据特征的简单显示。图表法通常用来揭示在定量分析中不易发现的数据异常特征。图表法在调查或验证变量之间关系的数据分析中，以及在估计描述这些关系的参数中都有着广泛的应用。另外，图表法在汇总和表示复杂数据或数据的关系中发挥着重要的作用，尤其可以使非专业人员清晰明确地了解产品质量状况。

图表法的工具有：调查表、流程图、水平对比法、分层图、因果图、关联图、折线图、条形图、直方图、排列图、散点图、趋势图、概率图等。应用得较多的是趋势图、散点图、直方图、条形图等。

某些质量改进的决策是建立在非数字数据的基础上的，这类数据在营销、研究、开发以及管理者的决策中起着重要的作用。应运用适当的工具正确处理这类数据，使其转化成可供决策用的信息。表 2-5 列出了质量改进的步骤及可用的工具和技术。表 2-6 列出了质量改进工具和技术及其应用。

表 2-5　质量改进的步骤及可用的工具和技术

步骤	可用的工具和技术
收集资料	调查表
识别改进机会	水平对比法、头脑风暴法、分层图、树图、控制图、直方图
排列改进机会	排列图
调查可能原因	流程图、因果图、散点图、调查表
确定主要原因	排列图
确定因果关系	因果图、散点图
采取改进措施	流程图、因果图、头脑风暴法、分层图、树图
确认改进	控制图、直方图、排列图
保持改进成果	控制图、直方图

表 2-6　质量改进工具和技术及其应用

序号	工具和技术	应　用
1	调查表	系统地收集数据与信息资料，以获取对事实的明确认识。
适用于非数字数据的工具和技术		
2	分层图	将大量的有关某一特性主题的观点、意见或想法按组归类。
3	水平对比法	把一个过程与那些公认的占领先地位的过程进行对比，以识别质量改进的机会。
4	头脑风暴法	识别可能的问题解决办法和潜在的质量改进机会。
5	因果图	分析和表达因果关系，通过识别症状、分析原因、寻找措施促进问题解决。
6	流程图	描述现有的过程，设计新程序。
7	树图	表示某一主题与其组成要素之间的关系。
8	矩阵图	根据各因素之间的相关程度，寻找解决问题的方法。
9	亲和图	将有关某一特定论题的各种观点、意见或想法进行归类处理。
10	对策表	按"5W1H"的原则来回答"5W1H"的问题，制定相应的对策。
11	过程决策程序图	在制订行动计划或进行方案设计时，预测可能出现的障碍和结果，并相应地提出多种应变计划的方法。
适用于数字数据的工具和技术		
12	控制图	诊断：评估过程的稳定性； 控制：决定某一过程何时需要调整及何时需要保持原有状态； 确认：确认某一过程的改进。
13	直方图	显示数据波动的形态； 直观地传达有关过程情况的信息； 决定在何处集中力量进行改进。
14	排列图	按重要性顺序显示每一项目对总体效果的作用； 排列改进的机会。
15	散点图	发现和确认两组相关数据之间的关系。

（2）常用的统计图表介绍。

绘制统计图的要求为：

——根据资料的性质和分析目的决定选择适当的图形；

——标题应说明资料的内容、时间和地点，一般位于图的下方；

——图中纵、横坐标应注明标目及对应单位，尺度应等距或具有规律性，横轴尺度自左而右，纵轴尺度自下而上，数量一律由小到大；

——为使图形美观并便于比较，统计图的长与宽比例一般为 7:5，有时为了说明问题也可加以变动；

——为比较、说明不同事物，可用不同颜色或线条表示，并附图例说明。

① 直条图。

直条图又称条图，用等宽直条的长短表示相互独立的各项指标数量的大小。例如，图 2-8 所示为医用监护仪、生化分析仪、红外理疗仪产品每个季度完成销售量占全年销售量的比例。

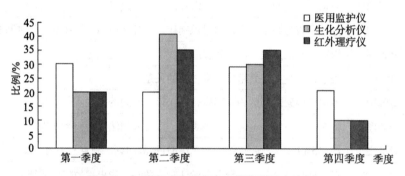

图 2-8　各季度三种医疗产品销售量所占比例

② 饼图。

饼图也称为圆图，用圆的面积表示事物的全部，用各扇形的面积表示各个组成部分所占比例，可以用来描述同类产品中各种不良率所占的比例。例如，图 2-9 所示为产品中各种不良率所占的比例。

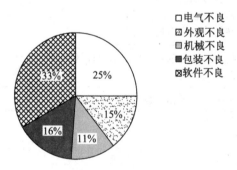

图 2-9　产品中各种不良率所占的比例

③ 折线图。

折线图是用线段的升降表示统计指标的变化趋势或某现象随另一现象的变化情况的图形，可以用来描述产品质量稳定性的波动情况。例如，设定某种产品的一次交验合格率为 90%，某年 1—12 月份的波动情况如图 2-10 所示。

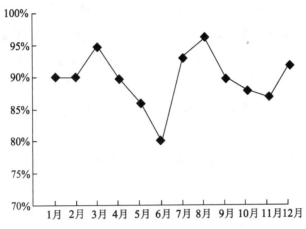

图 2-10　某种产品某年一次交验合格率波动情况折线图

④ 散点图。

散点图是将两个非确定性关系的变量的数据对应列出，以散点的形式画在坐标图上来表示两个变量之间关系的图形。散点图的主要用途如下：

——用以发现两组相关数据之间的关系并确认相关数据之间的预期关系。例如，图 2-11 表示某医疗设备机械零件的淬火温度（℃）与硬度（HRC）散点图。

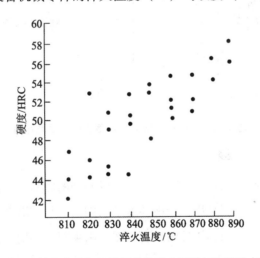

图 2-11　某医疗设备机械零件的淬火温度与硬度散点图

——从成对数据形成的点子形状直观地判断数据之间的关系，进而可用 Pearson 相关系数、回归方程进行定量分析处理。

⑤ 排列图。

排列图又称为主次因素分析图或帕累托图，是一种为了对从发生频次最高到最低的项目进行排列而采用的图示技术。排列图建立在帕累托原理的基础上，即少数的项目往往产生主要的影响。通过区分最重要的与较次要的项目，用最少的资源获取最佳的改进效果。排列图主要用于：

——找出重点，按重要性大小顺序显示每一个项目对整体的作用。

——识别质量改进的机会。

——检查质量改进措施的实施效果。制作改进措施实施前后的排列图，并进行对比，判定改进措施是否有效。

从图 2-12 可以看出，某医疗设备电气线路焊接不良是造成产品故障的主要因素之一。

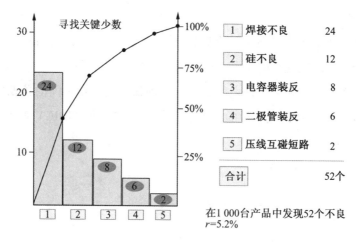

1	焊接不良	24
2	硅不良	12
3	电容器装反	8
4	二极管装反	6
5	压线互碰短路	2
合计		52个

在1 000台产品中发现52个不良
$r=5.2\%$

图 2-12 某医疗设备电气线路故障原因排列图

⑥ 因果图。

在找出主要质量问题以后，为分析产生质量问题的原因，所作的以确定因果关系的图形称为因果图。因果图是用于考虑并展示已知结果与其潜在原因之间关系的一种工具。因果图又称为鱼刺图、树枝图或石川图。因果图主要用于：

——分析因果关系；

——表达因果关系；

——通过识别症状、分析原因、寻找措施促进问题的解决。

如图 2-13 所示为某工序焊接不良因果图。

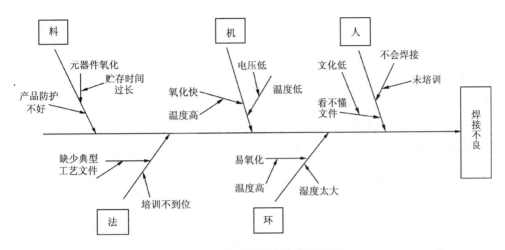

图 2-13　某工序焊接不良因果图

⑦ 雷达图。

雷达图的形状类似雷达网，可以用于描述顾客对不同产品的评价项目的满意状况。如图 2-14 所示为某医疗器械产品项目评价雷达图。

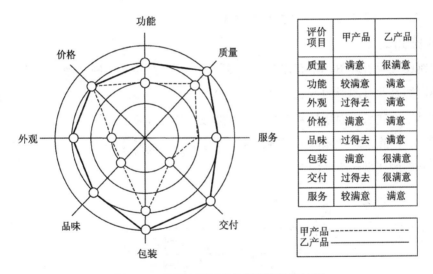

评价项目	甲产品	乙产品
质量	满意	很满意
功能	较满意	满意
外观	过得去	满意
价格	满意	满意
品味	过得去	满意
包装	满意	很满意
交付	过得去	很满意
服务	较满意	满意

甲产品 - - - - -
乙产品 ————

图 2-14　某医疗器械产品项目评价雷达图

⑧ 直方图。

直方图常用于表示连续型变量的频数或频率分布，就是将数据按其顺序分成若干间隔相等的组，以组距为底边、以落于各组的频数为高的若干长方形排列的图。利用直方图可以分析和掌握过程质量状况、计算过程能力指数和估算产品的不合格率。直方图主要有以下用途：

——能比较直观地观察出产品质量特性值的分布状态，借此可以判断出过程是否处于受控状态，并进行过程质量分析；

——便于掌握过程能力及保证产品质量，并通过过程能力来估算产品的不合格品率；

——用以简练及较精确地计算产品的质量特性值；

——判断生产过程是否发生异常或判断产品是否出自同一总体。

几种形式的直方图如图 2-15 所示。

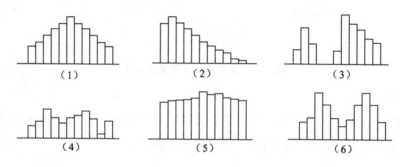

图 2-15　几种形式的直方图

⑨ 控制图。

控制图又叫管理图，带有控制上下界限线，用于分析和判断工序是否处于受控状态。控制图是通过图形的方法，显示生产过程随着时间变化的质量异常波动，并分析和判断是由于偶然原因还是系统性原因所造成的质量异常波动，提醒人们及时做出正确的对策，消除系统性原因的影响，保持工序处于稳定状态而进行动态控制的统计方法。控制图的基本形式如图 2-16 所示。

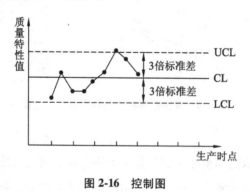

图 2-16　控制图

⑩ 调查表。

调查表又分为检查表、质量分析表和标准的统计表等。前两种可用于记录、收集和整理相关数据。调查表可分为以下几种类型：

——不合格品项目调查表。用于调查生产现场不合格项目频数和不合格率，以便用于排列图等分析研究，如表 2-7 所示。

表 2-7 ××公司××配件不合格率调查表

产品名称							
生产车间							
不合格项目	月 日	月 日	月 日	月 日	月 日	月 日	月 日
刮伤							
裂痕							
撞伤							
其他							
合计							
检查数							
不合格率	%	%	%	%	%	%	%

——缺陷位置调查表。用于记录、统计、分析不同类型的外观质量缺陷所发生的部位和密集程度，进而从中找出规律性，为进一步调查或找出解决问题的办法提供事实依据。

——质量分布调查表。即根据以往的资料将某一质量特性项目的数据分布范围分成若干区间制成表格，用于记录和统计每一质量特性数据落在某一区间的频数。

——矩阵调查表。一种多因素调查表，它要求把产生问题的对应因素分别排成行和列，在其交叉点上标出调查到的各种缺陷和问题以及数量。

——标准统计表。是对统计结果的标准呈现，在文章发表和标准报告中使用，有一定的格式要求。使用统计表可以避免冗长的文字说明，读者可以进行比较和迅速获取信息。统计表一般包括标题、表体和备注，表体包括线条、标目（横标目和纵标目）和数字。具体要求是：标题应该列在表体的正上方；线条不宜多，一般是三线表；横标目一般是分组变量，如年龄、类别；纵标目往往表示统计指标的含义；表中只能用阿拉伯数字表示，小数点后位数要保留一致；等等。如需要特别说明，可以在表体或标题的右上角注释相应符号，如"＊""%"等，然后在表的下方进行特别说明，如表 2-8 和表 2-9 所示。

表 2-8 （表序号）标题*

纵标目	合计
横标目	表体（数字）

注：＊说明文字。

表 2-9 某地 2014 年男、女恶性肿瘤死亡率

性别	调查人数	死亡人数	死亡率（1/100 000）
男	450 843	790	175.23
女	436 056	387	88.75
合计	886 899	1 177	132.71

2. 统计推断

统计推断是在抽样研究的基础上，用样本信息推断总体信息的过程或者比较两组或多组总体参数是否相等的假设检验方法。统计推断分成两个部分：参数估计和假设检验。

（1）参数估计。

总体参数估计是统计推断的重要内容之一，分为总体均数（μ）和总体率（P）的估计。在抽样研究过程中，总体参数和样本统计量之间的差别叫抽样误差。总体参数估计分为点估计和区间估计。点估计认为样本统计量等于总体参数，这种估计的缺陷是忽视了抽样误差的存在。区间估计（Confidence Interval，简称"CI"）指以一定的概率或可信度（常为95%或99%）估计总体参数可能的波动范围。

① 总体均数 $1-\alpha$ 可信区间估计。

最常用的情况和计算公式是：当总体标准差 σ 未知且 n 较小，如 $n \leq 50$ 时，总体均数 $1-\alpha$ 可信区间计算公式为

$$\left(\bar{x}-t_{\frac{\alpha}{2},\nu}s_{\bar{x}},\ \bar{x}+t_{\frac{\alpha}{2},\nu}s_{\bar{x}}\right) \tag{2-14}$$

式中：$\bar{x}$ 指样本均数，$s_{\bar{x}}$ 指样本均数的标准误，$s_{\bar{x}}=\dfrac{s}{\sqrt{n}}$，$t_{\frac{\alpha}{2},\nu}$ 指自由度为 ν 时，t 分布中双侧尾部面积为 α 时的 t 界值。

例 2-13 用气相色谱法测定非吸收性外科缝线中环氧乙烷的残留量，随机抽取 10 个样品，测得残留量（单位：$\mu g/g$）数据如下：

1.298，2.156，4.339，6.333，0.589，4.126，5.449，2.418，3.440，5.673。

试估计该批次非吸收性外科缝线中环氧乙烷的残留量总体均数 95% 的可信区间。

解　依题意，计算得 $\bar{x} \approx 3.582$，$s \approx 1.940$。

本例 $\nu = n - 1 = 9$，双侧 $\alpha = 0.05$，查 t 界值表，得 $t_{\frac{0.05}{2}, 9} = 2.262$，按式（2-14）计算得

$$\left(3.582 - 2.262 \times \frac{1.940}{\sqrt{10}}, 3.582 + 2.262 \times \frac{1.940}{\sqrt{10}}\right) \approx (2.194, 4.970)$$

该批次非吸收性外科缝线中环氧乙烷的残留量总体均数 95% 的可信区间为 $(2.194, 4.970)$。

② 总体率的可信区间估计。

当样本数 n 较大，p 和 $1-p$ 均不太小时，如 np 和 $n(1-p)$ 均大于 5，总体率的 $1-\alpha$ 的可信区间为

$$(p - u_{\frac{\alpha}{2}} s_p, \ p + u_{\frac{\alpha}{2}} s_p) \tag{2-15}$$

式中：p 指样本率，$u_{\frac{\alpha}{2}}$ 是指标准正态分布图形中双侧尾部面积为 α 时的 u 界值，特别地，$u_{\frac{0.05}{2}} = 1.96$，$u_{\frac{0.01}{2}} = 2.58$，$s_p$ 为样本率的标准误，即

$$s_p = \sqrt{\frac{p(1-p)}{n}} \tag{2-16}$$

例 2-14　随机抽取某批一次性医疗器械 40 件，其中细菌超标的有 10 件，试估计该批次医疗器械总体不合格率的 95% 的可信区间。

解　本例中 $n = 40$，$p = 0.25$，$s_p = \sqrt{\frac{0.25 \times (1 - 0.25)}{40}} \approx 0.0685$。

总体不合格率的 95% 的可信区间为

$$(0.25 - 1.96 \times 0.0685, 0.25 + 1.96 \times 0.0685) \approx (0.1157, 0.3843)$$

所以该批次一次性医疗器械总体不合格率的 95% 的可信区间为 $(0.1157, 0.3843)$。

③ 泊松分布资料的可信区间估计。

正态分布法：当总体均数 λ 大于等于 20 时，可用正态分布估计泊松分布总体均数 $1-\alpha$ 的可信区间，公式为

$$(x - u_{\frac{\alpha}{2}} \sqrt{x}, \ x + u_{\frac{\alpha}{2}} \sqrt{x}) \tag{2-17}$$

例 2-15　随机抽取经辐射灭菌后的医用盐水 20 mL，经培养共有 30 个菌落，问该医用盐水平均 20 mL 中细菌的总体均数 95% 的可信区间为多少？

解　依据公式（2-17），该医用盐水平均 20 mL 中细菌的总体均数 95% 的可信区

间为 $30\pm1.96\sqrt{30}$，即（19.265，40.735）。

例2-16 为了估计某植入性无菌医疗器械生产车间空气中细菌的数目，将某一玻璃培养皿敞口放在车间的正中央，10分钟后，对培养皿培养24小时后清点菌落数，发现共有20个菌落生长，平均每10分钟落入培养皿中细菌的总体均数95%的可信区间为多少？

解 10分钟落入培养皿中的菌落数服从泊松分布，由于 $\lambda \geq 20$，平均每10分钟落入培养皿中细菌的总体均数95%的可信区间为 $20\pm1.96\sqrt{20}$，即（11.235，28.765）。

（2）假设检验。

假设检验（Hypothesis Test）也称显著性检验（Significance Test），是利用反证法的原理对"假设"进行检验的一种方法，也是建立在抽样研究基础之上，借助一定的理论分布，用样本统计量推断两个或两个以上总体参数是否不等的一类基本方法。

① 假设检验的步骤。

例2-17 据大量调查，健康成年男子的脉搏均数为72次/分。某医生在山区随机调查了25名健康成年男子，其脉搏均数为76.2次/分，标准差为6.5次/分，能否认为该山区成年男子的脉搏高于一般人群？

解 该例题用图示法剖析如下：

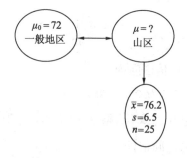

从该例题中产生一个问题，是什么原因造成这样的现状：$\bar{x} > \mu_0$？

一是本来山区人群的脉搏总体均数就高于一般地区（环境因素）；二是山区人群的脉搏总体均数等于一般地区，但该现象是由抽样误差造成的。所以假设检验的任务就是：推断样本之间的这种差别是来自总体之间的实际差别还是抽样误差。

假设检验的步骤：

第一步：提出假设，确定检验水准 α（Significance Level）。

H_0：$\mu_0 = \mu$，山区成年男子的脉搏总体均数与一般地区相等。

H_1：$\mu_0 \neq \mu$（双侧检验），山区成年男子的脉搏总体均数与一般地区不等。

$\alpha = 0.05$。

第二步：根据资料类型和研究设计的类型选用适当的公式计算检验统计量。

由于该研究属于样本均数与总体均数比较的 t 检验，所以选用公式

$$t = \frac{\bar{x} - \mu_0}{s/\sqrt{n}} = \frac{76.2 - 72.0}{6.5/\sqrt{25}} \approx 3.23,\ \nu = n - 1 = 25 - 1 = 24$$

第三步：根据自由度和统计量的大小确定 P 值。

P 值的概念：在 H_0 成立的条件下，从 $\mu_0 = 72$ 次/分的总体中不断做抽样试验，样本量始终为 25，这样会得到一个自由度为 24 的 t 分布。双侧检验为该 t 分布中大于等于现有统计量（3.23）和小于等于现有统计量的负值（−3.23）的双尾面积，如是单侧检验，只取单尾面积。如图 2-17 所示。

第四步：将 P 值与检验水准 α 相比，做出统计推断和专业推断。

查附表 2，由 t 界值表得 $t_{\frac{0.05}{2}, 24} = 2.064$，现有统计量 $t > 2.064$，$P < 0.05$，按 α 的水平，拒绝 H_0，接受 H_1，可以认为山区男子的脉搏总体均数与一般地区男子不等。根据样本所提供的信息（72<76.2），可以从专业上认为山区男子的脉搏总体均数高于一般地区。

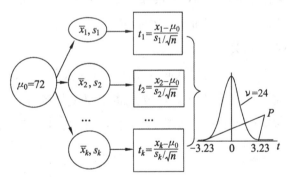

图 2-17　t 分布图形形成及 P 值含义示意图

② 假设检验的原理。

假设检验是运用反证法的原理，先假设 H_0 成立，但样本所提供的信息不支持 H_0 成立。其能拒绝 H_0 的理由是：小概率事件在一次随机试验中是不大可能出现的，一旦出现，就可以拒绝 H_0。那么什么是小概率事件呢，即将 $P \leq 0.05$ 或 $P \leq 0.01$ 的事件称为小概率事件，这也是将检验水准设为 0.05 或 0.01 的原因。

从本例来看，假如 H_0 成立，按 t 分布原理，大部分 t（95%的可能性）应该在 −2.064 到 2.064 的可接受域内，一旦现有的统计量落在可接受域之外（拒绝域），我们就认为这是小概率事件，非常有把握拒绝 H_0。

（3）基本假设检验方法。

① t 检验。

主要用于两样本均数之间的比较，根据研究设计的不同分为单样本资料的 t 检验、配对设计资料的 t 检验以及两独立样本均数比较的 t 检验。t 检验一般对资料或设计有一定要求，如正态性、方差齐性和独立性。

② 方差分析。

方差分析也称 F 检验，主要用于多个样本均数的比较。3 个及 3 个以上样本均数的比较，如果用 t 检验就容易犯Ⅰ类错误。一般有两种常用的方差分析类型：完全随机设计的多个样本均数比较（单因素方差分析）、随机区组设计的多个样本均数比较（双因素方差分析）。方差分析对资料或设计有要求，如正态性、方差齐性和独立性。

③ 卡方检验。

卡方检验主要用于两个或多个样本率或构成比之间的比较。该方法简单，对资料要求不高。卡方检验有完全随机设计的两独立样本率比较的卡方检验、配对设计的两样本率比较的卡方检验、行×列表的卡方检验等。

④ 直线回归和直线相关。

直线回归主要用于研究两变量之间的线性数量的依存关系；直线相关主要分析两变量之间相关的密切程度和方向。该方法属于双变量统计，对资料的要求比较高。直线回归要求因变量 Y 符合正态分布，而直线相关则要求 X 和 Y 符合双变量正态分布。

⑤ 秩和检验。

秩和检验是非参数统计的一种，该方法一般对资料要求不高，如不要求资料符合正态分布或分布已知，仅仅对分布的中位数是否相等进行检验。该方法比较简单，但资料信息损失较大，容易犯Ⅱ类错误。秩和检验包括：配对设计的符号秩和检验、两独立样本比较的 Wilcoxon 秩和检验、多个独立样本比较的 Kruskal Wallis H 检验以及配伍组设计的 Friedman M 检验。

五、医疗器械统计特殊方法

（一）试验设计

1. 试验设计概述

（1）试验设计的定义。

试验设计（Design of Experiment，简称"DOE"），是指以计划好的方式进行试验。试验设计取决于在规定的置信水平下对得出的统计量进行统计评价，从而得出结论。

DOE 一般包括对在研究中的系统引入的变化，并对该系统的这些变化效果进行统计评估。试验设计的目的可以是确认系统的某些特性，也可以是研究一个或多个因素对系统某些特性的影响。这些设计取决于试验的目的和进行试验的条件。

DOE 即是对试验的规划，主要指选择参加试验的因素、确定各因素的水平、找出要进行试验的最佳水平组合。有些技术可以应用于分析试验数据，如极差分析、方差分析，以及多种的图解法，如概率图法等。

（2）DOE 的益处。

当评估所关注的特性时，需要保证所获得的结果不是仅归因于偶然变差，还适用于根据已规定的标准所做的评价，更适用于两个或多个系统的比较。DOE 允许在规定因素的影响时效率更高且更经济。DOE 识别某些因素间的交互效应的能力也使组织能深入了解过程。

（3）DOE 应注意的事项。

所有系统都存在某种水平的固有变差（通常称为"噪声"），有时会掩蔽调查结果并导致调查得出错误结论。其他潜在的误差来源包括系统中可能存在的未知因子的混杂效应或系统中各种因子之间依存关系的混杂效应。经过良好设计的试验能降低因这些误差而产生的风险。这些风险不会被消除，因此，在得出结论时应考虑这一因素。严格地说，试验结果仅对试验中所考虑的某些因素及其取值范围有效。

DOE 理论做了某些基本假定，如在数学模型和所研究的实际事物之间存在着典型关系，但这些假设的正确性或适宜性仍值得考虑。

2. 试验设计的应用

DOE 可以用于对产品、过程或系统的某些特性的评估，对一个规定标准确认其用途，或者对几个系统进行比较评估。

DOE 对复杂体系的调查特别有用，这些体系的输出可能受大量的潜在因素的影响。试验的目的是使所关心的特性能够达到最大、最优或降低其变异性。DOE 还可以识别在系统中更有影响的因素，以及因素影响的大小及各因素间的相互关系，即交互效应。其结果可以用来促进产品或过程的设计和开发，或者用来控制或改进现有的系统。

DOE 还常用于对产品或过程的评价。例如，确认医疗处理的效果或评价几类处理的相对有效性。DOE 应用的工业示例包括依据一些规定的性能标准所做的产品确认试验。

DOE 广泛用来识别复杂过程的影响因素，从而控制或改进所关心的一些特性，如过程的产量、产品强度、耐久性、噪声水平等的均值或减少变异。这些试验在诸如电子元器件、汽车和化工产品的生产中经常遇到，也广泛用于农业和医学等各个不同的领域，具有巨大的潜在应用范围。

（二）可靠性分析

1. 可靠性分析概述

（1）可靠性分析的定义。

可靠性分析是将工程和分析方法应用于评价、预计和保证所研究的产品和系统在某一段时间无故障运行。

可靠性分析通常适用于使用统计方法处理不确定性、随机特性或在一段时期内发生故障的概率等。这种分析通常包括使用适宜的统计模型来表征所关心的变量，如故障前时间、故障间隔时间。这些统计模型的参数可以由从实验室、工厂试验或现场作业所获得的经验数据做出估计得到。

（2）可靠性分析的用途。

可靠性分析适用于下述目的：

① 基于来自有限期间并包括许多规定的试验单元数的试验所获得的数据，验证规定的可靠性测度是否得到满足；预测无故障运行的概率或其他可靠性测度，如故障率、零件或系统的平均故障间隔时间等；建立产品或服务性能的故障形态及运作情况的模型；提供对概率设计有用的设计参数（如应力和强度）方面的统计数据。

② 识别关键或高风险的零件以及可能的故障模式和机理，并支持查找原因和采取预防措施。可靠性分析所使用的统计技术允许对所开发的可靠性模型的参数估计值和用这些模型做出的预计结果设定统计置信水平。

可靠性分析还适用于研究故障的物理性质和产生的原因，以及预防或减少故障的其他技术，如失效模式和影响分析。

（3）可靠性分析的益处。

可靠性分析提供了产品和服务抗故障或抗服务中断的性能的定量测度。可靠性活动与系统运行中风险的遏制密切相关。可靠性通常是感知产品或服务质量，以及顾客满意程度的影响因素。在可靠性分析中使用统计技术的益处包括：

①　在规定的置信限内，具备预计和量化故障可能性以及其他可靠性测度的能力；

②　通过使用不同的冗余技术和降额策略，具备指导做出选择不同设计方案决策的能力；

③　制定完成符合性试验的客观的接收或拒收准则，以证实可靠性要求得到满足；

④　基于产品性能、服务和耗损数据的可靠性分析，具备策划最佳预防性维修和更换计划的能力；

⑤　为经济地达到可靠性目标，分析改进设计的可能性。

（4）可靠性分析应注意的事项。

可靠性分析的基本假定是所研究的系统性能可通过统计分布合理予以表征。因此，可靠性估计的准确度将取决于这种假定的正确性。当存在可能符合或不符合同一统计分布的多个故障模式时，会增加可靠性分析的复杂性。此外，当在可靠性试验中观测到的故障数很小时，可能严重影响与可靠性估计相联系的统计置信水平和精密度。

另一个关键是与可靠性试验的条件有关，特别是当试验包括某种形式的"加速应力"，即应力比产品在正常使用中大得多时，更是如此。确定产品在试验中出现的故障与在正常使用条件下产品性能之间的关系可能很困难，并且这将增加可靠性预计的不确定性。

2. 可靠性分析的应用

可靠性分析应用的典型示例包括：

（1）验证零件或产品能满足规定的可靠性要求；

（2）根据新产品试验数据的可靠性分析，判断产品的寿命周期费用；

（3）基于对产品的可靠性分析，指导做出制造或购买产品的决策，并估计对交付目标和与预测故障有关的以后费用的影响；

（4）基于试验结果、质量改进和可靠性增长，推测软件产品成熟度，并建立符合市场要求的软件投放目标；

（5）确定主要产品的耗损特性，有助于改进产品设计或策划所要求的适宜的服务维修计划和服务维修工作。

（三）抽样

1．抽样概述

（1）抽样的定义。

抽样是一种系统的统计方法，它通过研究总体中有代表性的部分即样本来获取该总体的某些特性信息。抽样技术包括：简单随机抽样、分层抽样、系统抽样、序贯抽样、跳批抽样等，抽样技术的选择取决于抽样目的和抽样条件。

（2）抽样的用途。

抽样大致可分为验收抽样和调查抽样。验收抽样是基于选取"批"的样本结果，做出接受或不接受该"批"的决定。为满足具体要求和应用，有许多验收抽样方案可供选择。调查抽样用于估计总体的某个或多个特性值，或估计这些特性在总体中是如何分布的。生产抽样也是调查抽样的一种特别形式，可用于过程能力分析。调查抽样同样能用于医疗器械行政监督管理、质量体系审核的数据收集。

（3）抽样的益处。

正确的抽样方案与总体调查、100%检验相比，能节省时间、费用和人力。当产品检验包含破坏性试验时，抽样是获取相应信息的唯一的切实可行的途径，为获取总体某一特性值或分布情况的初始信息提供了经济、有效、及时的方法。

（4）抽样应注意的事项。

设计抽样方案时，应慎重决定样本量、抽样频次、样本的选择、划分子组的根据以及抽样方法等方面。

抽样要求以无偏离的方式选择样本，即样本要代表总体，如果做不到这一点，将导致对总体特性做出不良的估计。在验收抽样的情况时，不能代表总体的样本可能导致对可接受质量批的不必要的拒收，或导致对不可接受质量批的非预期接收。

2．抽样的应用

抽样用于对操作者、设备或产品的过程检查，以监测过程或产品变异情况并确定采取纠正或预防措施。抽样验收广泛用于医疗器械制造工厂，如对接收的材料是否满足预先规定的要求而提供某种程度的保证。

（四）模拟

1. 模拟概述

（1）模拟的定义。

模拟是通过计算机程序用数学方式表示（理论或经验的）系统，从而解决问题的方法的集合。如果这种表达方式包括概率论的概念，尤其是包括随机变量，模拟则称为蒙特卡罗法。

（2）模拟的用途。

在理论科学方面，如果不知道解决问题的综合理论，或知道解决问题的综合理论，但不可能或难以解决问题，而通过计算机能获得解决方法，则可以使用模拟法。在经验方面，如果计算机程序能够充分地描述系统，则可使用模拟法。计算机能力的发展使模拟越来越多地应用于还没有得到解决的问题。

（3）模拟的益处。

在理论科学中，如果没有明确的解决问题的计算方法或计算过程太烦琐，以至不能直接进行（如 n 维积分），则可采用模拟法，特别是蒙特卡罗法。同样，在经验方面，当经验调查是不可能的或费用太大时，可采用模拟法。模拟的益处在于它提供了一种省时且经济的办法，或最终提供了解决问题的办法。

（4）模拟应注意的事项。

在理论科学中，选择基于概念推理得出的证据比模拟更具有优势，因为模拟往往对产生结果的原因不能做出说明。经验模型的计算机模拟可能受到模型不适宜的限制，即模型可能没有完全说明问题。因此，经验模型的计算机模拟不能替代实际经验调查和试验。

2. 模拟的应用

大型项目，如太空计划，通常采用蒙特卡罗法。模拟的应用不受任何具体工业类型的限制，典型的应用领域包括统计容差法、过程模拟、系统的优化、可靠性理论和预计。一些具体的应用有：

——机械部件的方差建模；

——复杂部件的振动形态建模；

——确定最佳预防性维修计划；

——在设计和生产过程中为优化资源配置所进行的其他活动。

（五）统计过程控制图（SPC）

1. 统计过程控制图概述

（1）统计过程控制图的定义。

统计过程控制图（或称控制图），是将从过程定期收集的样本所获得的数据按顺序点绘成的图形。

统计过程控制图上一般标有描述过程有无变异的控制上下限。控制图的作用是帮助评价过程获得稳定性，可通过检查所绘点的数据与控制限的关系来实现。

任何反映产品或过程特性的变量（计量资料）或属性（计数资料）都可以绘制成控制图。在存在计量数据的情况下，一个控制图通常用来监控过程中心的变化，另一个控制图用于监控过程变异的变化。

（2）统计过程控制图的用途。

统计过程控制图通常用来监测过程的变化，把图中描绘的数据与控制限进行比较，可以作为单值读数或样本平均值的统计量。若描述"点"落在控制限之外，则表明过程可能出现了变化。这种变化可能是某些"可查明原因"引起的，需要对"失控"读数的原因进行调查，必要时也需要对过程进行调整。通过采用附加准则解释所绘数据的趋势和形态，可以改善控制图的使用效果，以便更迅速地展示过程变化以及提高识别微小变化的灵敏度。

（3）使用统计过程控制图的益处。

除了向使用者提供直观的数据外，通过控制图还能区分稳定过程的固有的随机变差和可能因"可查明原因"而产生的变差。这种"可查明原因"的及时查明和纠正有助于对过程加以改进。与过程有关活动的控制图的作用和价值如下：

① 过程控制。计量控制图用来查明过程中心或过程变异的变化，并采取纠正措施，以保持或恢复过程的稳定性。如果过程处于稳定状态，从控制图中获得的数据可随后用于评估过程能力。

② 测量系统分析。通过反映测量系统固有变异的控制限，控制图能显示测量系统是否有能力查明所关注的过程或产品的变异，控制图也能用于监控测量过程本身。

③ 因果分析。过程事件和控制图形态之间的相关性有助于判断可查明的根本性原因并策划有效措施。

④ 持续改进。控制图可用于监视过程变差，并有助于识别和表征变差的原因。当将控制图作为组织内持续改进系统程序的组成部分时尤为有效。

（4）使用统计过程控制图应注意的事项。

以科学的方式抽取过程样本很重要，这样的样本称为"合理子组"。这也是使用统计过程控制图以及理解变差来源的关键。在使用控制图时可能存在"假报警"的风险，即实际未发生变化而做出已经发生变化的结论，也存在已经发生变化而未查明原因的风险。

2. 统计过程控制图的应用

医疗器械行业经常利用关键特性的控制图，实现和证实持续的过程稳定性和能力。如果接收了不合格产品，使用控制图可有助于明确风险并采取有效的纠正措施。

在医疗器械生产现场可使用控制图识别问题，并分析问题产生的根本原因。例如，控制图用在机械加工过程中，使员工分辨过程固有变异和可能因"可查明原因"引起的变异，从而减少不必要的过程干预（过度调整）。又如，平均响应时间、差错率和顾客抱怨频次等样本特性的控制图可用于测量、诊断和改进服务的业绩。

另外，统计过程控制图也可用于医疗器械产品质量监督管理中，对产品质量检验和实验的工作质量进行控制和管理，是行政监管部门进行产品质量监督管理的重要手段之一。

（六）统计容差法

1. 统计容差法概述

（1）统计容差法的定义。

统计容差法是基于某些统计原理确定容差的方法，它利用各种零件相关尺寸的统计分布来确定组装件的总容差。

（2）统计容差法的用途。

当把多个零件装配为一个组装件时，这些组装件的装配性和互换性的关键因素或要求通常不再是单个零件的尺寸，而是组装件的总尺寸。尺寸的极限即最大值或最小值只有在所有零件的尺寸均处于各自容差范围的最高点或最低点时才会出现。在容差链框架内，当总尺寸容差由各零件容差相加时，就称为算术总容差。

为了统计确定总容差，假定组装件包括大量的零件，则处于单件容差范围一端的尺寸将与处于容差另一端的尺寸相平衡。例如，一个处于容差范围低端的单件尺寸能与处于容差范围高端的另一个尺寸或几个尺寸的组合相配合。从统计角度来讲，在某些情况下，总尺寸应满足近似的正态分布，与单件尺寸的容差分布无关，因而可用来估计组装件的总尺寸的容差范围。当总尺寸容差给定时，可以据此来确定各零件容许的容差范围。

（3）使用统计容差法的益处。

当一组单件容差给定时（不必相同），根据统计总容差计算所得出的总尺寸容差通常比用算术方法得出的总尺寸容差要小得多。这表明当总尺寸容差给定时，统计容差法允许使用的单件尺寸容差的范围要比用算术方法得出的大。这一点给实际操作带来很大益处，因为容差范围越宽越有利于使用更简单的和更经济有效的生产方法。

（4）使用统计容差法应注意的事项。

统计容差法首先要求确定能够接受的处于总尺寸容差范围之外的组装件比例。确定统计容差法是否实际可行需满足以下条件：

① 单件的实际尺寸可作为不相关的随机变量；

② 尺寸链是线性的；

③ 尺寸链至少有四个零件；

④ 各单件容差应为同一数量级；

⑤ 尺寸链各单件尺寸的分布已知。

很明显，只有当研究的单个零件的生产受控并处于持续改进的状态下才会满足上述条件。如果产品仍处于开发状态，则应使用经验和工程知识指导统计容差法的应用。

2. 统计容差法的应用

统计容差法的理论常用于有相加关系或简单相减关系的情况，如轴和孔的零件装配中，这一理论也用于计算机模拟中以确定最佳容差。

统计容差法的应用与过程能力分析、统计过程控制图等统计技术的应用相比，应用的面不是很广。因此，在质量体系的审核中要根据企业的实际需要，不能要求所有的企业都必须使用。

（七）时间序列分析

1. 时间序列分析概述

（1）时间序列分析的定义。

时间序列分析是研究按时间顺序收集到的一组观测结果的方法。这里的时间序列分析是指以下应用中的分析技术：如发现"滞后"形态，通过统计找出每一观测结果如何与之前最接近的观察结果相关联，并在随后每个"滞后"周期重复这一活动，出现周期性或季节性形态，了解过去的成因如何对未来产生重复影响，预测未来的观测结果或分清哪些因素在时间序列中对变差的影响最大。

（2）时间序列分析的用途。

时间序列分析用来描述序列数据的形态，识别"离群值"，即必须调查数据有效性的极值，以有助于了解数据的形态或做出调整，查明趋势的转折点。时间序列分析的另一个用途是用某一时间序列的形态解释另一个时间序列的形态，具有回归分析中的所有固有目标。

时间序列分析也可以用来预测时间序列的将来值，一般是将一些已知的上下限作为预测间隔。时间序列分析在控制领域具有广泛用途，且常用于自动过程。在这种情况下，以某一概率模型拟合以往的时间序列，预测将来值，然后通过尽可能小的变差来调整具体的过程参数，以保持所设定目标的过程。

（3）时间序列分析的益处。

时间序列分析方法在策划过程、控制过程、识别过程变化、预测以及测量一些外部干扰活动所产生的影响等方面十分有效。当做出某一特定更改时，时间序列分析还能用于过程策划性能与时间序列预测值的比较，以深入了解可能的因果形态。某些时间序列分析方法还能将系统或可查明的原因与偶然原因分开，并能将随时间序列出现的形态分解为周期性、季节性和趋势分量。

时间序列分析通常用于了解过程在特定条件下如何运转，以及什么调整可能对过程趋向某些目标值产生影响，或什么调整可能减少过程变异。

（4）时间序列分析应注意的事项。

回归分析所列举的注意事项也适用于时间序列分析。当为了了解原因和结果而建立过程模型时，需要具备选择最适宜模型和使用诊断工具以改进模型的技能水平。在时间序列分析中，包括或遗漏某个观测值或一小组观测值，都可能对模型产生重要影响。因此，应理解有影响的观测值并与数据中的"离群值"相区别。

不同的时间序列估计技术可能具有不同的成功程度，这主要取决于时间序列的形态模型的选择应考虑分析的目标、数据的性质、相关成本以及各种模型的分析和预计特性。

2. 时间序列分析的应用

时间序列分析可应用于研究一段时间内性能的形态。例如，过程测量、顾客抱怨、不合格、生产率和测试结果等。预测应用包括预测备品配件、缺席情况、顾客订单、材料需求、电力消耗等。

时间序列分析也可应用于开发需求的预测模型。例如，在可靠性方面，用来预测在给定时间周期内的事件的数量以及事件间（如设备停机状态）时间间隔的分布。

（八）测量分析

1. 测量分析概述

（1）测量分析的定义。

测量分析也称为测量不确定度分析或测量系统分析。这是在测量系统运行的情况下，评价测量系统不确定度的一种方法。其测量误差的分析可使用与分析产品特性相同的方法。在产品质量检验中使用化学分析方法（测试、化验或仪器分析）测定其质量特性时，其测量分析可理解为分析测量分析或测试分析，测量系统可理解为分析测量系统或测试系统。

（2）测量分析的用途。

测量分析的用途很广，要收集测量数据就应当考虑测量的不确定度。测量分析在规定的置信水平下用来评价测量系统是否适合预期的目的。测量分析可将各种来源的变差量化，如来自测量人员的变差、来自测量过程的变差、来自测量仪器自身的变差等。测量分析也可将来自测量系统的变差作为总过程变差或总容许变差的一部分予以描述。

（3）测量分析的益处。

在选择测量仪器或决定仪器是否有能力评价所检查的产品或过程参数时，测量分析提供了定量且经济有效的方式。

测量分析通过将测量系统自身各种来源的变差量化，为分析比较和解决测量中的差异奠定了基础。

（4）测量分析应注意的事项。

在所有的情况下（最简单的情况除外），测量分析都需要由受过培训并具有专业知识和技能的人员来实施，测量分析过程应谨慎，否则会误导生产及管理人员产生错误判断。

2. 测量分析的应用与方法

（1）不确定度的评定。

测量不确定度的评定有助于实验室或测试机构等组织向其内部或外部顾客做出保证，即测量过程有能力评价拟要求的质量水平。

（2）新仪器的选择、使用和研制。

测量分析方法在选择准确度（正确度、精密度）更高的仪器进行产品质量特性的检测，在新仪器的使用、校准、期间核查等程序，以及新仪器的开发、研制等过程中都具有十分重要的作用。

（3）方法确认。

在产品质量检验中，对一些非标准方法、新研制的方法以及首次应用的标准方法都必须进行确认。通过测量分析可以对这些方法的正确度、精密度、重复性、再现性等参数进行评定和确认。

（4）比对试验。

将实验室的测试结果与其他实验室所测试的结果相比对，可以评价和量化实验室的测试系统，找出实验室可能存在的偏倚，以便采取措施加以改进。例如，通过国内外认证机构对组织能力的验证，可以向顾客提供检验结果准确性的保证，帮助实验室改进测量系统，如更新测量仪器和改善测量方法，加强对检测人员的培训等。

（九）过程能力分析

1. 过程能力分析概述

（1）过程能力分析的定义。

过程能力分析就是检查过程的固有变异和分布，从而估计其产生符合规范所允许变差范围的输出能力。

当数据是可度量的变量且处于统计控制状态时，过程的固有变异以过程的离散程度来表示，通常以过程分布的 6 倍标准差（6σ）来测量。如果过程数据是呈正态分布的变量，那么在理论上，这种离散程度将包含总体的 99.73%。

过程能力可以用过程能力指数表达。过程能力指数可将实际的过程变异与规范，如合同值、标准值或图纸所允许的容差（允许差、规格限）联系起来。一个广泛应用于计量数据的过程能力指数是"Cp"，即整个容差除以 6σ 的比值，在规范上下界限之间，具有良好中心定位的理论能力 W 测度。另一个广泛使用的过程能力指数是"Cpk"，它描述了可能中心定位或未能中心定位的过程的实际能力，也适用于包含单侧规范界限的情况。为更好地表征长期和短期变异及围绕预期的过程目标值的变差，还有其他过程能力指数。

（2）过程能力分析的用途。

过程能力分析用来评价过程连续产生符合规范的输出的能力，并估计预期的不合格产品的数量。

过程能力分析适用于评价过程的任一部分，如某一特定设备的能力。设备能力的分析可用来评价特定设备或估算其对整个过程能力的贡献。

（3）过程能力分析的益处。

过程能力分析能评价过程的固有变异、估计预期不合格品的百分数，因此，能使组织估计出不合格所发生的费用，并做出有助于指导过程改进的决策，确定过程能力的最低标准，指导组织选择能用于生产可接收产品的过程和设备。

（4）过程能力分析应当注意的事项。

能力概念仅适于处于统计控制状态的过程。因此，过程能力分析应与过程控制方法联合起来实施，对控制过程进行持续验证。另外，因不合格品百分数的估计受正态性假定的限制，所以当实践中不能实现严格的正态性时，应谨慎处理这样的估计。

当过程数据涉及计数值，如不合格品百分数或不合格数时，过程能力以平均不合格品率或平均不合格率表示。

2. 过程能力分析的应用

通过确保零件的变异与组装产品中允许的总容差相一致，过程能力可用来建立制造产品的合理加工规范。相反，当需要严格的容差时，零件的制造商需要达到规定的过程能力水平，以确保高效低耗。

较高的过程能力目标（如 $Cp \geq 2$）有时用在零件和分系统级，以使复杂系统达到所期望的累积质量和可靠性。

设备能力的分析用来评价设备按规定要求生产或运行的能力，有助于组织做出采购或修理设备的决定。

一些制造业公司通过跟踪过程能力指数，以识别过程改进的需求或验证这些改进的有效性。例如，汽车、航空航天、电子、食品、医药以及医疗设备的制造商通常将过程能力作为评价供方和产品的主要准则，使制造商可以对采购产品和材料的检验减至最少。

第二节　国际标准对医疗器械统计技术的要求

国际标准化组织（ISO）针对医疗器械产品的特殊性，以确保医疗器械产品的安全有效为原则，在相关的国际标准中明确规定了医疗器械统计技术应用的要求。例如，ISO 13485《医疗器械　质量管理体系　用于法规的要求》、ISO 14155《医疗器械临床研究质量管理体系》等标准。另外，一些发达国家和地区以及国际机构经过长期的监管实践经验总结，逐步制定和完善了较为成熟的医疗器械管理标准或规范要求，对获得的有效数据进行分析评估是确定医疗器械是否安全有效的重要方式之一。

一、ISO 13485《医疗器械　质量管理体系　用于法规的要求》标准对统计技术的要求

ISO 13485《医疗器械　质量管理体系　用于法规的要求》是医疗器械组织建立质量管理体系的专业标准。该标准已转换为 YY/T 0287 国家医药行业标准。在质量管理活动中，统计技术工具对提高管理水平的重要性逐步突显，所以医疗器械组织需要在产品、活动、过程的控制和改进中运用质量管理统计技术方法和工具。本节列出了 ISO 13485 质量管理体系标准各个条款中有可能应用的统计技术，其主要目的是帮助医疗器械组织理解统计技术的需求和选择适用的统计技术。

合理采用统计技术，包括数据的收集、分析和应用，可在广泛领域内为医疗器械组织带来利益。在质量管理体系的实施过程中，统计技术可用于以下几个方面：

——产品和过程的设计；

——建立产品和过程限制条件、允差范围；

——风险的确定；

——过程的控制；

——产品、过程验证和确认；

——质量特性的测量和评价；

——预防和避免不合格；

——问题原因的分析。

统计技术应用和分析的结果可用以确定：

——产品符合性的趋势；

——顾客要求满足的程度；

——过程的有效性；

——供方供货业绩；

——达到业绩改进目标的情况。

表 2-10 对与 ISO 13485：2016 标准条款实施有关的定量数据进行了识别，针对已确定的定量数据的需求列出了一个或多个统计技术，运用这些方法可以使医疗器械组织获得潜在的利益。

表 2-10　ISO 13485：2016 标准对统计技术的要求

ISO 13485：2016	涉及可能应用的统计技术
4.1　总要求	用关系图描述过程方法，用流程图描述过程之间的相互关系。
4.2.1　文件要求　总则	建立质量管理体系文件目录，用层次图阐明质量管理体系文件结构层次和种类。
4.2.2　质量手册	用列表法、过程方法分析质量管理体系文件的系统性、协调性、完整性。
4.2.4　文件控制	用可靠性技术分析预计产品的寿命期。
4.2.5　记录控制	用列表法、矩阵法归纳各过程形成的记录。
5.1　管理承诺	用列表法、矩阵法归纳与医疗器械产品相关的法规，对各部门管理职责提出要求。
5.2　以顾客为关注的焦点	用回归分析、概率分析等方法进行市场调查、市场预测、市场策划，确定顾客群体和顾客隐含的需求，对产品定位做出策划。
5.3　质量方针	用组织能力分析、决策技术，确定企业发展方向，制定质量方针。
5.4.1　质量目标	用质量统计、系统图、目标分解、SPC 等制定质量目标。
5.5.1　职责和权限	用组织管理、矩阵表、流程图规定各部门职责和权限。
5.6　管理评审	用组织能力分析、内部审核、SPC、产品策划、市场策划、决策技术、流程分析及相关法规等进行产品、体系、资源等决策。
6.1　资源提供	用净现值分析、投资决策、技术评估等进行设备需求、技术改造、基础设施等资源决策。

续表

ISO 13485：2016	涉及可能应用的统计技术
6.2 人力资源	用组织能力分析、时序分析、产品开发、市场策划等制定人力资源需求和员工培训计划。
6.3 基础设施	用 TMM 管理技术、安全控制技术、流程图、SPC 设备精度检测分析等方法进行设备管理。
6.4 工作环境和污染控制	用相关环境法规及环境参数检测要求，对温度、湿度、照度、洁净度、噪声、振动、电磁场、大气压力等进行统计，分析对产品质量的影响程度，确定采取相应的措施。
7.1 产品实现的策划	用组织能力分析、工序能力分析、风险管理、产品技术分析、产品组成分析、决策技术及相关法规等进行产品实现的策划。
7.2 与顾客有关的过程	用市场销售调查、预测、量本利分析、回归分析、概率分析、风险分析及相关法规等确定顾客要求与合同评审。
7.3 设计和开发	用测试技术、风险管理、技术状态管理、FTA、FMEA、FMECA、MTBF、MTTR、SPC、HACCP、管理图、流程图、方差分析、回归分析、概率分析、序贯试验、试验设计、假设检验、测量分析、过程能力分析、可靠性分析、抽样、模拟及相关法规等进行产品设计和开发。
7.4 采购	用 SPC、ABC、MRP、ERP、安全库存控制、采购批次和资金控制、抽样技术及法规等进行供方业绩评价、采购和进货检验管理。
7.5 生产和服务提供	用流程图、时序分析、管理图、SPC、工序能力计算、工艺验证、过程确认、软件确认、测量分析、过程能力分析、回归分析、可靠性分析、抽样及相关法规等进行生产服务过程控制。
7.6 监视和测量设备的控制	用测量流程、MCP、SPC、测量校准分析、软件确认分析及相关法规等对热、电、力、磁、光等仪器仪表进行检定、校准、标识控制和管理。
8.1 测量分析和改进	用产品性能指标分析、流程分析、检测技术、过程能力、CSM 等方法对产品的符合性、QMS 的有效性进行改进策划。
8.2.1 反馈	用信息反馈流程图、CSM、SPC 等对顾客信息处置进行监视，获得 QMS 业绩评价和改进。
8.2.4 内部审核	用抽样技术、SPC、过程能力、CSM、产品检测等方法进行体系、产品、过程和服务的内部审核。
8.2.5 过程的监视和测量	用抽样技术、SPC、过程能力、CSM、产品检验、抽样方案、型式试验、检测分析等进行质量体系、过程和服务的监视和测量。

续表

ISO 13485：2016	涉及可能应用的统计技术
8.2.6 产品的监视和测量	用抽样技术、SPC、过程能力、控制图、产品检测等进行产品的监视和测量。
8.3 不合格品控制	用SPC、工序能力分析、控制图、产品检测及相关法规要求等进行不合格品的控制和管理。
8.4 数据分析	用描述性统计、试验设计、假设检验、测量分析、过程能力分析、回归分析、可靠性分析、抽样、SPC图、时间序列分析、数据分析的结果，寻找改进产品质量和改进QMS的契机，使之成为增值活动。
8.5 改进	用质量方针目标评价、审核结果、数据分析、描述性统计、试验设计、假设检验、过程能力分析、回归分析、抽样、SPC图、时间序列分析、纠正和预防措施及管理评审等涉及的统计技术，持续保持QMS的适宜性和有效性。

二、ISO 14971《医疗器械 风险管理对医疗器械的应用》标准对统计技术的要求

统计技术的应用贯穿于风险管理的全部过程。风险的定义为：损害发生概率和该损害严重度的结合。"概率"是一个统计学的名词。ISO 14971标准突出了数据分析和统计技术，多处要求运用数据分析的方法收集识别类似或相关医疗器械的信息进行管理，并提出一系列系统的收集可用资料和数据的途径、渠道以及风险管理技术。

（一）确定医疗器械风险可接受性准则过程中统计技术的应用

制定风险可接受性准则时，应首先分别对风险的两要素——损害发生的概率和严重度进行分级，然后综合概率和严重度确定风险的可接受性。

1. 概率分级

概率事实上是连续的，但实践中常采用离散的数据分级方法。制造商应按照概率估计所期望的置信度决定需要多少概率分级，概率至少应分为三级以便于决策。概率分级可以是描述式的或符号式的，但应明确定义各级的范畴，以防混淆。

2. 严重度分级

制造商应使用适用于医疗器械的描述语言，并将连续的严重度简化分级。严重度水平可以是描述式的，也可以是符号式的，但均需要明确定义。对严重度的分级还需要考虑对财产和环境的损害及国家和地区的法律法规的要求。

（二）风险分析过程中统计技术的应用

风险分析是指系统运用可获得资料，判定危害并估计风险。风险分析过程包括医疗器械预期用途和与安全性有关的特征的判定、危害的判定、估计每个危害处境的风险等三项活动。

1. 医疗器械预期用途和与安全性有关的特征的判定（ISO 14971 标准 4.2 条款）

此条款要求标准的使用者结合 ISO 14971 标准附录 C 分析特定的医疗器械，并使用描述性统计方法——列表法，列出可能影响安全性的有关的特征问题的清单。对于体外诊断（IVD）医疗器械，有关与安全性相关的特征，除附录 C 以外，还包括附录 H.2.3 提出的特征问题。

2. 危害的判定（ISO 14971 标准 4.3 条款）

以可能影响安全性的有关的特征问题的清单为基础，系统地判定在正常和故障条件下的可预见的危害，并形成危害清单。这种判定多采用分类列表法将危害划分为能量危害、生物学危害、化学危害、运行危害和信息危害等。

标准附录 G 为风险分析提供了一些可用的技术指南，包括故障树分析（FTA）、初步危害分析（PHA）、失效模式和效应分析（FMEA）、危害和可运行性研究（HAZOP）、危害分析和关键点控制（HACCP）等统计技术，用于标准"4.3 危害的判定"和"4.4 估计每个危害处境的风险"中危害和危害处境的判定。这些技术是互补的，并且可能有必要结合使用，其基本原则是对事件链一步一步地进行分析。

（1）故障树分析（FTA）。

故障树分析法是建立在运筹学和系统可靠性基础上的符号逻辑分析方法中的一种方法。该方法"自上而下"从列出所有危害开始，分析各种可能产生危害的潜在原因，通过逻辑门关系体现，从上到下逐级建树，明确和顶事件有关联的故障，有针对性地加以解决。在故障树中对各个事件的故障率进行统计，顶事件也就可以计算出来。这是一种演绎法，提供对失效概率的估计。逻辑门系统特性和有关因素的关系：

① 与门：表示仅当所有输入事件发生时输出事件才发生。

② 或门：表示至少一个输入事件发生时输出事件就发生。

③ 割集：导致正规故障树顶事件发生的若干底事件的集合。

故障树分析应用在设计开发阶段，特别是在安全性工程中，对于危害、危害处境的判定和排序以及分析不良事件是十分有效的。

（2）初步危害分析（PHA）。

初步危害分析是最初在设计开发过程中对于医疗器械设计细节所知甚少时，用于判定危害、危害处境和可能导致损害的事件的技术。

（3）失效模式和效应分析（FMEA）以及失效模式、效应和危害度分析（FMECA）。

FMEA 是 FMA（失效模式分析）和 FEA（故障影响分析）的组合，是一种可靠性设计的重要方法。该方法对各种可能的风险进行评价分析，以便在现有技术的基础上消除这些风险或将这些风险减小到可接受的水平。及时性是成功实施 FMEA 的最重要因素之一，它是一个事前的行为，而不是事后的行为。为达到最佳效益，FMEA 必须在故障模式被纳入产品之前进行。

失效模式和效应分析是一种归纳法，适用于产品组成部件较多的设计，但因其分析过程工作量较大，所以主要用于风险比较高的设计过程中。例如：

① 结构失效或破损、振动，不能保持正常位置，控制系统打不开、关不上或误开、误关，结构系统内部或外部产生泄漏；

② 超出上下限允差范围、意外运行、提前或滞后，运行过程间歇性工作、漂移性工作；

③ 发生错误指示或动作，导致错误输入高或低、错误输出高或低，流动不畅；

④ 不能正常开机、关机、切换，无输入或无输出，短路、开路、漏电等；

⑤ 其他系统特性、要求和运行限制的特殊失效条件。

失效模式和效应分析是系统性判定单一部件的效应和后果的技术，更适合于设计的成熟期。

（4）危害和可运行性研究（HAZOP）。

该方法最早起源于化学处理工业，适合新产品的设计或过于复杂的系统设计。可以将整个设计过程分为各个阶段或各个部分，通过运用关键词的方式来判断、找出偏差原因，分析可能的结果和影响，识别危害和已有的控制措施。例如，针对医疗输液装置，使用表 2-11 分析流量控制装置。

表 2-11 医疗输液装置流量控制装置关键词

设计参数	关键词
流量	增加
温度	减少
压力	没有
成分	逆向
时间	部分

① 假设：事故是由偏离设计或运行目的引起的。

② 方法：由具有不同背景的专家组成，借助结构化的头脑风暴识别出问题，使用一组已建立的引导字（没有、部分……），针对某一步骤，系统地找出具有潜在危害的偏离，并识别其可能的原因、后果，以及安全防护，同时提出改进措施。它是一种较完整的定性分析技术。

危害和可运行性研究方法可应用于设计开发阶段的后期，以验证设计概念或设计更改和随后优化过程。

（5）危害分析和关键点控制（HACCP）。

危害分析和关键点控制是一种识别、评价和控制危害的系统性方法，其核心内容包括下列七项原则：

① 进行危害分析（4.3）并识别预防措施（6.2）；

② 确定关键控制点（Critical Control Points，简称"CCP"）；

③ 建立关键极限（4.2 和第 5 章）；

④ 监视每一个 CCP（6.3 和第 9 章）；

⑤ 建立纠正措施（第 9 章）；

⑥ 建立验证程序（6.3 和第 9 章）；

⑦ 建立保持记录和形成文件的程序（3.5 和第 8 章）。

注：括弧中数字号为 ISO 14971 标准章节号。

危害分析和关键点控制使用下列工具作为保持记录的书面证据：

① 过程流程图解法。

图解法的目的是提供在过程中涉及的对每一步骤的清晰而简单的描述。在随后的工作中，图解法对于 HACCP 小组开展工作是十分必要的。对于需要了解验证活动过程的其他人，图解法还可以用作未来的指南。过程流程图的范围应当覆盖制造商直接控制下的所有处理步骤。

② 危害分析工作表。

危害分析是对危害及其初始原因的识别，其分析工作表的记录内容包括：

——在显著发生危害的过程中，步骤的识别和清单；

——所有已识别危害及其和每个步骤有关的重要性清单；

——控制每个危害的所有预防措施的清单；

——全部关键控制点的识别以及对其监视和控制。

③ HACCP 工作计划。

HACCP 工作计划应形成书面文件，该文件建立在 HACCP 七项原则的基础上，描绘所要遵循的程序，以确保特定设计、产品、过程或程序的控制。计划的内容应包括：

——判定关键控制点和关键极限的识别；

——监视和连续控制活动；

——识别和监视纠正措施、验证和保持记录的活动。

（6）几种风险分析工具的比较（表 2-12）。

表 2-12　风险分析工具比较表

方法	特性	优点	缺点
失效模式和效应分析（FMEA）	是定性的技术，"如果…会输出什么？"的归纳法。每次分析一个部件，进行系统判定和评价。	易于理解，早期实施可以发现设计缺陷，避免昂贵的设计改动，使分析者对产品特点深入理解。	工作量大，处理冗余措施和考虑预防性维修措施时困难，仅限于处理单一故障条件，一般不考虑综合效应。
故障树分析（FTA）	用来分析已由其他方法判定危害的手段，从顶事件开始，以演绎的方式进行。显示出最可能导致后果的顺序。	系统性研究，灵活，可对各种因素（包括人为因素）进行分析。图表使系统特性和有关因素容易理解。	故障树大时，不易理解，验证困难；在数学上包含非单一解，逻辑关系复杂。
危害和可运行性研究（HAZOP）	危害和可运行性研究。	易于理解，适合新设计的产品或复杂的设计。	比较机械，在处理复杂问题时需要投入较多力量，可能有遗漏。

当上述几种方法不能满足要求时，还必须使用其他风险分析技术。例如，可靠性

试验与评定、加速老化或寿命周期试验、最坏情况电路分析、应力分析及失效分析、可靠性建模和仿真技术等其他预测方法。

3. 估计每个危害处境的风险

ISO 14971 标准在 4.4 条款中明确了用于估计每个危害处境的风险，风险估计的资料或数据，即用于统计技术的数据来源可包括：

（1）已发布的标准；

（2）科学技术文献资料；

（3）已在使用中的类似医疗器械的现场资料，包括已公布的不良事件报告；

（4）由典型使用者进行的适用性实验；

（5）临床证据；

（6）适当的调研结果；

（7）专家意见；

（8）外部质量评定情况。

由于风险的定义为损害发生概率和该损害严重度的结合，风险的估计也就是概率的估计和损害严重度估计的结合。严重度的估计在制定风险可接受准则时已经确定，风险的估计其实质主要是风险发生概率的估计。在 ISO 14971 标准附录 D 中重点介绍了风险估计过程中概率估计的方法（附录 D.3.2.2）和不能估计概率的风险（附录 D.3.2.3）。通常可用以下七种方法估计概率：

（1）利用相关的历史数据；

（2）利用分析方法或仿真技术预示概率；

（3）利用试验数据；

（4）利用可靠性估计；

（5）利用生产数据；

（6）利用生产后信息；

（7）利用专家的判断。

以上这些方法可以单独使用或组合使用，每一种方法各有其优缺点。如有可能，应当使用多种方法，以增加检查结果的置信度。当这些方法不能使用或不够充分时，则有必要依靠专家的判断。

对不能估计概率的风险，根据精确和可靠的数据对发生概率做出定量估计或合理的定性估计，这样能够提高风险估计的置信度。然而，这些并非都是可以做到的，如系统性故障的概率是极难以估计的。非常难以估计概率的示例包括：

——软件失效；

——发生对医疗器械蓄意破坏或篡改的情况；

——很少了解的异常危害，如对牛海绵状脑病（BSE）病原体的传染性了解不准确，就不能对传播的风险进行量化；

——某些毒理学危害，如遗传毒性致癌物和致敏剂，这时不可能确定其暴露的临界值，因低于此值不会出现毒性影响。

（三）风险评价过程中统计技术的应用

风险评价是一个以风险可接受性准则为依据对风险分析结果进行评价的过程。制造商应按照风险可接受性准则，判断每个危害的风险是否达到可接受水平。但是在判断某一特定医疗器械的风险是否可接受时，还需进行风险可接受性决策。风险可接受性决策的方法包括但不限于以下各项：

（1）如果采用并实施适用的标准，并满足了规定的要求，即表明已经达到所涉及的特定种类的医疗器械或特定风险的可接受性；

（2）和已在使用中的医疗器械明显的风险水平进行比较；

（3）评价临床研究资料，特别是对于新技术或新的预期用途。

（四）风险控制过程中统计技术的应用

风险控制的目标不是消除所有的风险，而是将风险控制在一个可接受的水平。与日常经验和所允许的风险相比较，低于某一水平的剩余风险可被看作是低微的，也可以认为是可忽略的。

针对特定的医疗器械，如 IEC 60601 系列标准、ISO 10993 系列标准等阐述了医疗器械固有的安全性、防护措施和安全性信息的要求。此外，其他一些医疗器械标准也整合了风险管理过程的要素，如电磁兼容性、适用性、生物相容性等。通过这些标准应用，制造商可以简化对剩余风险的分析评估工作。

对于无安全标准要求且不能忽略的风险要研究风险降低方案。ISO 14971 标准附录 D 中详细介绍了降低风险的合理可行的方法和示例（标准附录 D.8）。风险控制方案的可行性包括技术可行性、经济可行性、最新技术水平和接受此风险的收益。

采取风险控制措施后还需要对控制措施的实施的有效性进行验证，如设计确认和工艺确认。风险控制措施可以降低潜在损害的严重度，或者减小损害的发生概率，或两者都减小。因此，采取风险控制措施后，应对损害发生的概率和严重度进行重新估计，然后综合估计发生的概率和严重度，确定采取措施后的剩余风险水平，并和采取措施前的风险水平进行比较，即可确定是否确实降低了剩余风险。

剩余风险评价是对采取措施后的剩余风险是否已经可接受的评价，剩余风险评价准则应与风险评价准则保持一致。

ISO 14971 标准允许制造商进行风险/受益分析，以便决定基于受益，剩余风险是否可以接受。也就是说，制造商能够提供高风险的医疗器械，但前提必须是已经对其做了仔细的评价并说明医疗器械的受益已经超过了风险。医疗器械产生的受益与使用医疗器械带来的预期的健康改进程度和可能性有关，但至今尚没有估计受益的标准化方法。通常情况下，制造商可以做出一些简单的假设，关注每一例最有可能的结果（包括最为有利或最为不利的结果），以证明所采取的降低风险的措施是有利可行的。

ISO 14971 标准要求应对实施风险控制措施的有关方面的影响进行评审，包括新的危害或危害处境的引入和是否由于风险控制措施的引入。

（五）综合剩余风险的可接受性评价过程中数据统计的应用

ISO 14971 标准附录 D.7 对综合剩余风险的评价中采用的统计技术和方法进行了详细的介绍。综合剩余风险的评价需要由具有专业知识、经验和完成此项工作的授权人员来完成。由于目前尚无评价综合剩余风险的推荐方法，这就要求制造商有责任确定一种合适的方法，标准附录 D.7 中介绍了一些方法和影响其选择的一些考虑因素。

1. 事件树分析

特定的事件序列可能会导致几种不同的单个风险，每个风险都会影响综合剩余风险。例如，一次性医疗器械的重复使用可能会导致再次感染、毒性物质的滤除、由于老化造成的机械性能失效、生物不相容性、消毒溶剂的残留等。事件树分析法是分析这些风险的适当方法，这种方法通过对单个剩余风险进行逐项分析研究来确定综合剩余风险是否可以接受。

2. 相互矛盾的要求的评审

对于单个风险采取的一些相关风险控制措施可能会产生相互矛盾的要求。例如，对一个失去知觉的患者，防止患者从病床跌落的风险的警告可能是"决不要把失去知觉的患者留下无人照管"，这就可能和"离开患者后将 X 射线曝光"的警告相互矛盾，后者的意图是保护操作者使其避免暴露于 X 射线。

3. 故障树分析

因医疗器械对于患者或使用者的损害可能是由不同的危害处境（见 ISO 14971 标准附录 E）造成的，在这种情况下，用于决定综合剩余风险的损害概率是基于单个风险损害概率的综合。故障树分析法是可以导出损害的综合概率的适当方法。

4. 警告的评审

单个风险警告可能会适当降低风险，然而过多的警告可能会减弱单个警告的效果。这种情况下需要分析、评定是否对警告过分依赖和此种过分依赖可能会对降低风险和综合剩余风险产生影响。

5. 操作说明书的评审

对器械的操作说明书进行评审研究，可能会找出说明书中信息不一致或者难以遵守的内容。

6. 比较风险

比较风险是将由器械造成的、评估过的单个剩余风险和类似现有器械进行比较。例如，考虑在不同的使用情形下对器械可能产生的风险进行逐项比较，应注意在这种比较中要充分利用现有的医疗器械不良事件的最新信息。

7. 临床使用专家的评审

为证实医疗器械风险的可接受性，可以对患者使用器械的受益进行评定。制造商可邀请不直接涉及器械设计开发、生产制造的临床使用专家进行评定，以得到综合剩余风险的一些新的观点，这可能是一个较好的评估方法。临床使用专家可以通过考虑各方面的综合因素，如利用在临床环境中患者对器械的适用性来评价综合剩余风险的可接受性。

（六）生产及生产后信息收集和评审过程中数据收集

医疗器械投入生产并上市后，其风险管理过程并未停止。制造商应在医疗器械整个生命周期内监视风险是否持续保持可接受和是否发现了新的危害与风险。因此，ISO 14971 标准要求制造商应当建立、保持、收集、评审生产和生产后信息的系统并形成文件。建立此系统时应充分考虑由医疗器械的操作者、使用者或负责医疗器械安装、使用和维护的人员所产生信息的收集和处理机制新的或者修订的标准。除此之外，制造商还应考虑收集和评审以下方面的信息：

（1）设计更改；

（2）采购产品的质量情况；

（3）生产过程控制情况：不合格情况、高风险过程、关键/特殊过程、生产合格产品的能力是否得到验证以及验证后的监测情况，包括工艺更改验证的不利影响；

（4）产品检测的结果、趋势分析；

（5）产品贮存过程的监视结果，如环境、包装完好性、储存寿命；

（6）留样产品的分析；

（7）最新技术水平因素和对其应用的可行性；

（8）本企业和市场上其他类似医疗器械产品的公开信息，包括内部信息和外部信息。

制造商应对收集到的上述信息进行分析，对分析结果可能涉及产品安全性的方面，应评价是否存在下列情况：

——是否有以前没有识别的危害或危害处境出现；

——是否由危害处境产生的一个或多个估计的风险不再是可接受的。

制造商应将上述评价的结果反馈到风险管理过程中，并进行统计分析和评审，寻找产品改进的方向，重复和完善风险管理过程。

综上所述，医疗器械风险管理过程要求全面地收集、识别、分析、处理、利用数据，信息和资料贯穿于产品整个生命周期。在风险管理过程中，由于这些数据、信息和资料的数量较多，来源比较复杂，所以要求应用的统计技术较为专业，以确保医疗器械风险管理过程的科学性、合理性、完整性和适宜性。因此，统计技术的数据分析方法是对医疗器械进行风险管理十分重要的方法。

（七）风险管理过程文件

风险管理过程包括风险分析、风险评价、风险控制、生产和生产后的信息，应在医疗器械产品整个生命周期建立风险管理文件，用以判定与医疗器械有关的危害，评估相关的风险，控制采取降低风险的措施的有效性，形成风险管理报告，保存风险管理文档。

制造商应密切关注用户反馈信息以及是否有出现控制范围以外的风险。如果剩余风险（一个或多个）或其接受性已有潜在的变化趋势，应对已执行的风险控制措施重新进行分析评价。风险管理流程如图 2-18 所示。

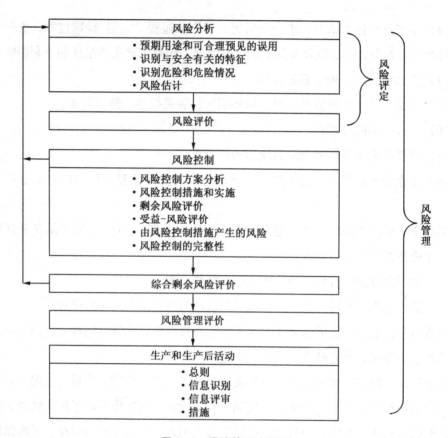

图 2-18　风险管理流程图

三、全球医疗器械协调工作组对统计技术的要求

（一）医疗器械不良事件趋势报告中的统计技术

全球医疗器械协调工作组（GHTF）《医疗器械上市后监督：医疗器械不良事件报告》在文件附录 C 中规定了不良事件发生率是否有显著增加的准则，当发生率显著增加时，则需要向国家主管当局提交不良事件的趋势报告。

对于医疗器械制造商来说，很重要的就是当察觉到医疗器械有不良事件发生趋势时，就应该采取控制措施，而不是等待事件发生。这些控制措施可以基于事件的严重性，或者察觉到与不良事件有关的风险，而不必考虑事件的数量。

《医疗器械上市后监督：医疗器械不良事件报告》中没有对趋势的统计技术定义，也没有提出超出投诉趋势范围的附加要求。但该文件对不良事件趋势及需要上报的重要性的理由做出了解释，并且在一些关键性问题方面提供了指导。对制造商来说，实施趋势分析使用简单的图形和曲线就足够了，但进行趋势分析评估时，使用有效的统计方法是很重要的。该文件对不良事件发生率在统计趋势显著上升时，为制造商如何建立一个可信的趋势的基线提供了指导。

1. 基本的趋势参数

进行趋势分析时需要收集的原始数据是：

——在给定的时间间隔（t）范围内发生的不良事件数（n）；

——此时间间隔内由临床医生、患者所使用的有关产品数量（d）。

在每一个时间间隔，按公式：（i）= n/d 计算，得出一个数据，将其定义为所观察的发生率，以百分比表示。对于连续使用的医疗器械，如植入性产品，需要测量或估计患者暴露的时间作为分母（d）来取代所用的产品数量。然而，当制造商不知道暴露数据时，所用产品数仍可作为分母（d）。

对于一个有意义的统计测量，如果制造商的产品使用数量太少，则发生的每个不良事件都应上报。统计数量随着事件发生数及市场上使用数的增加而增加。在确定数据是否用于趋势分析时要特别谨慎。只有在市场范围内确立的不良事件报告才应包含在趋势分析的数据内，否则，已知不良事件发生的频率与所统计的数量不匹配，将导致错误的结果。

在相关的情况下，如植入性器械，可以通过临床表现或其他变量（如患者的年龄、体重、性别、器械使用期等）初步了解其趋势变化。

2. 基线的设定

在进行趋势分析的初始阶段，首先应设定一个真实的基线，可运用的统计技术方法和工具有风险分析、可靠性分析以及可靠性测试等。另外一个重要的信息是来源于制造商或其他竞争者关于同类医疗器械的历史数据，此外还可参阅医学及相关科学文献的报告。

3. 阈值及时间间隔

在给定的时间间隔，如一个月内不良事件发生的数量取决于产品的类型，从一两件到几百件。应留有足够的时间间隔，充分收集数据用于趋势分析。通常情况下该时间间隔取决于所销售的产品数量及上报的不良事件。对于销售量较大的产品，典型的时间间隔为 1 个月。相对较短的时间间隔有利于对已发现的问题及时采取纠正措施，尤其是对高风险的产品。趋势变化范围的上限值及阈值（I_T），随产品种类的不同而不同。

4. 发生率的显著增加

在连续几次的时间间隔内，所观察的发生率（i）都在基线以上并持续增加，这就构成了显著增加，应提交趋势报告（图 2-19）。判断该增加是否是持续的，应根据所选择的统计方法进行测试并确定。一旦确定是显著增加，就应立即提交趋势报告。

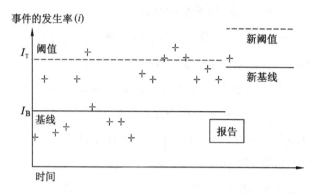

图 2-19　基线向上移动和趋势报告的提交

根据市场上的产品数量，可将"显著增加"看作是下述任何一种结果：

（1）对于数量较多的产品，（i）值在有限的几个时间间隔内，如超过 1~3 个月都迅速持续地增加。

（2）对于数量较少的产品，（i）值在较多的时间间隔内，如超过 3~6 个月都缓慢持续地增加。

当基线向上移动时，可认为是显著增加。作为质量体系的一个基本要求，需要制造商采取纠正和预防措施来评估并消除问题产生的根本原因，改变基线向上移动的趋势，并使其回落到以前的水平或者更低。

5. 基线的改进

如果在连续几个时间间隔内，事故都持续减少，则会导致基线和阈值下降（图 2-20），应对其变化的数据做进一步的趋势分析。

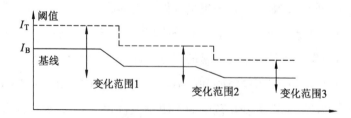

图 2-20　基线的改进

基线向下移动可能与产品/加工工艺的改进或者临床提示/用法的改进等有关，这是一个良好的发展趋势，有利于降低不良事件数量，并能够节省制造商及整个健康护理方面的费用。

6. 特殊情况

如果事故发生率（i）或者事件数（n）突然大幅度增加，则无论增加过程是否持续，即使趋势评价认为无须提交报告，或者该时间间隔还没有达到实际的趋势时间段，建议制造商向国家主管当局提交报告。若确认特别高的数值出现大幅度的增加，应立即提交报告，并要在持续发展的趋势还没有形成之前采取相关的纠正/预防措施。

（二）过程确认中的统计方法和工具

用于过程确认的统计方法和工具有很多。在《质量管理体系：过程验证指南》附录 A 中介绍了过程确认的统计方法和工具，如控制图、防故障法、过程能力研究、实验设计、公差分析、稳健设计方案、失效模式和效应分析、抽样方案等。

在医疗器械制造过程中，一些不可避免的错误和过度的变化可能导致不合格情况经常发生。但许多不合格情况并不是由错误引起的，而是由过度变化和偏离目标的过程造成的。

每个相同的产品间都可能存在着微小的差异，不论这些差异多小，都统称为变化。变化情况可以通过测定产品中的单个样品并绘制成直方图来表示。

过程能力研究是评价过程是否稳定且能力是否满足的方法，即通过收集各段时期内的样本数据来估计每段时期内样本数据的平均值和标准偏差，这些估计可以用控制图的形式表述。控制图可以用于评价过程是否稳定，其过程数据应用到直方图中，以判定过程能力。为了判定过程能力，必须要使用几个过程能力指数来测定是否在规定范围内。直方图中一个指数 Cp 用于评估变化，另一个指数 Cpk 用于评估该过程的中心位置，把这两个指数结合在一起可用于判定过程是否符合要求。

尽管过程能力研究能够评估过程连续生产合格产品的能力，但这些研究对于达到过程稳定所起的作用是很小的，为减少变化和达到稳定的过程需要使用许多控制变化的工具。通常情况下输出的变化是由输入的变化所引起的，因此，控制输入的变化是至关重要的。现以液体抽取泵的运行过程为例（图 2-21）：

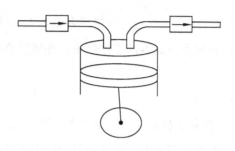

图 2-21　液体抽取泵示意图

　　因液体抽取泵输出的是流量，该泵通过活塞移动来抽取液体后从一个开口输入泵室内，然后推动活塞使液体从另一个开口流出，液体泵控制阀用于保持液体正向流动，流量的大小取决于活塞半径、移行的距离长度、电机速度和控制阀回流速度等。要控制液体泵输出的流量，可以通过设计活塞半径、移行的距离长度、电机速度来实现目标流量。但由于实际的输出流量可能会受到活塞磨损、轴承磨损和阀门磨损的影响，并随电机速度、液体温度或黏度的变化而改变，这些微量的输入变化被传递到输出，如图 2-22 所示。

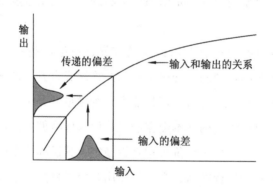

图 2-22　液体抽取泵输入与输出示意图

　　为减少变化，要求确定影响输出的主要输入变量，可以利用相对输入的灵敏度，即活塞半径、移行的距离长度、电机速度等和输出的关系建立对输入变化（磨损、引擎速度、温度或黏度等）的控制，以保证输出符合规定的要求。一般情况下，首先应确定主要的输入变量，理解输入变量对输出的影响和输入是如何影响输出的，然后利用这些信息数据确定目标和输入公差。在这个过程中，可以结合使用各种统计技术工具，如：

　　——筛选实验：通过这种试验设计确定主要的输入变量；

　　——响应面研究：用于具体了解主要输入变化是如何作用于输出的；

——过程能力研究：用于了解主要输入的转换；

——稳健设计方案：结合以上信息，确定输入的最优目标，并结合公差分析制订操作或控制方案，以保证输出持续符合要求。

稳健设计的原理是通过选择输入目标，使输出受输入变化的影响微小，以达到微小的变化和更好的质量但不增加成本的结果，如图 2-23 所示。

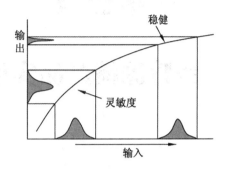

图 2-23　稳健设计涉及输入输出示意图

减少变化的有效措施是缩小输入公差。缩小输入公差虽然能提高产品质量，但也会导致产品成本上升。使用控制图可以分析和评价一个过程是否处于受控状态，通过监视、分析控制图的输入变化情况，确定输出变化和过程的内在变化，并通过连续地监视过程，保证过程满足已确认的控制状态。在使用过程监视控制图中，要根据控制或作用的程度及时调整过程，使过程保持在可控制范围。

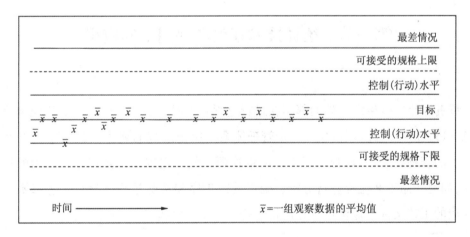

图 2-24　使用过程监视控制图

在过程稳定性控制中，有许多确定主要输入和分析变化原因的工具和方法，包括组件交换研究、多变图、均值分析、方差分量分析和方差分析等。在应用上述各种统计技术工具和方法对变化进行原因分析研究时要保持正确的测量，并要关注测量系统的有效性和准确性，通常使用测量仪器仪表显示数据的再现性/重现性或用类似的方法来评估。

第三章

医疗器械产品实现过程中的统计技术应用

为了了解产品实现过程或产品的质量状况，找出产品质量的波动规律，就要在生产质量监管过程中运用统计技术的方法对所搜集到的数据进行整理分析，找出其中的规律性，以实现对产品生产全过程的质量控制和管理。

第一节　统计技术在生产部门中的应用

负责医疗器械生产管理的部门在进行过程管理时，需要参照相应的法规和管理规范。ISO 13485《医疗器械　质量管理体系　用于法规的要求》规定了生产和服务提供的管理要求，《医疗器械生产质量管理规范》也提出对生产过程因素的控制要求，如对产品工艺流程进行分析、确定关键工序和特殊过程、确定工艺参数、编制相应的工艺文件和保留过程控制记录等。

一、几种典型医疗器械产品的工艺流程

（一）有源医疗设备类产品典型工艺流程

医用电子产品生产工艺流程：原材料经检验后入材料库，再从车间领出材料、进行准备作业后进入机芯插装焊接（插装焊接为特殊过程），然后经自检、质量控制检验后与机壳装配后进入调试和老化试验（调试为关键工序，老化为特殊过程），经外观整理送总检和电气安全检验，最后包装入库。产品出厂前还安排了抽验以确保产品

质量。生产过程中如有不合格产品，则按工艺路线箭头指出的方向进行返工。具体流程如图 3-1 所示。

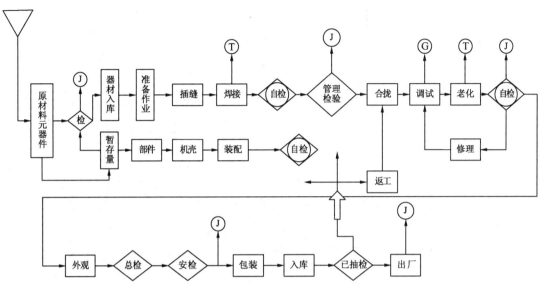

注：T 为特殊过程，G 为关键工序，J 为检验点。

图 3-1　医用电子类产品生产工艺流程

（二）植入性医疗器械产品生产工艺流程

以骨科植入物髋关节产品为例，其产品工艺流程包括：毛坯进厂后进行进货检验，确认材料特性合格后入库（确认材料特性为关键工序），车间领料进行颈部椎体切削加工（确定尺寸公差与配合为重要工序），激光打标，抛光，荧光探伤和表面处理（此为关键工序），然后在 10 万级洁净室内进行末道清洗（清洗为特殊过程），经过程检验合格后进行包装，再进行产品灭菌（灭菌为特殊过程）。灭菌后的产品要进行解析，确认环氧乙烷残量小于 10 μg/g 后产品才能出厂。具体流程如图 3-2 所示。

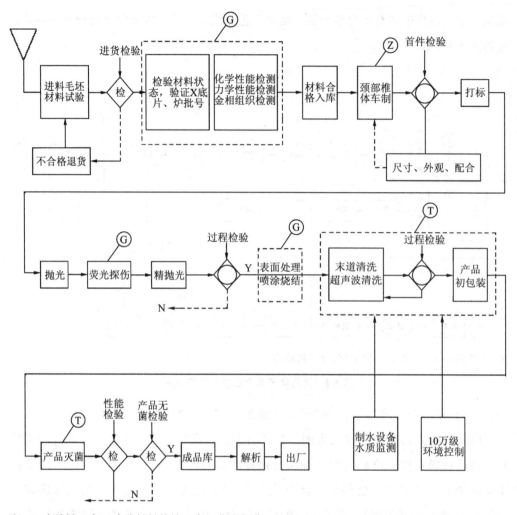

注：G 为关键工序（确认材料特性工序、荧光探伤、表面处理），Z 为重要工序（颈部椎体车制），

T 为特殊过程（产品清洗、包装、灭菌）。

图 3-2　骨科植入物髋关节产品生产工艺流程

（三）采血管产品生产工艺流程

采血管产品生产工艺流程：对购入的硅硼玻璃管进行检验，然后用高压水枪进行高压清洗，用 100 ℃水煮去油，干燥，硅化处理（硅化为关键工序，若用石油醚，要控制引燃因素），抽风干燥，贴标，添加试剂，装胶塞（100 个/盘），抽空压胶塞（这道工序决定了采血量，为关键工序），经验证合格后进行吸塑包装，最终检验，大包装后入库。具体流程如图 3-3 所示。

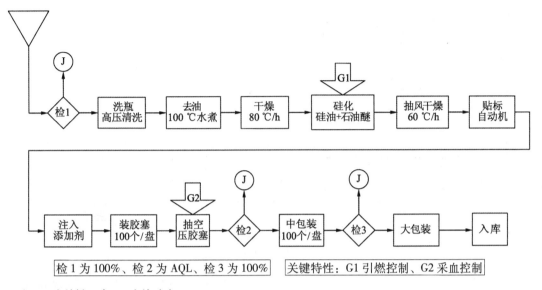

检 1 为 100%、检 2 为 AQL、检 3 为 100%　　关键特性：G1 引燃控制、G2 采血控制

注：G 为关键工序，J 为检验点。

图 3-3　采血管产品生产工艺流程图

（四）体外诊断（溶血）试剂产品生产工艺流程

体外诊断（溶血）试剂产品生产工艺流程：将购入的化学纯原料检验入库，配料员领出原料和辅料进行自检，称量配料，经配料检查确认无误后（配料检查为关键工序）加入注射用水搅拌，然后进行药液过滤（过滤膜为 0.22 μm，高压蒸汽 121 ℃灭菌，时间为 20 分钟，此为特殊过程），再将过滤后的药液注入清洗好的瓶中送检（用纯化水洗瓶，为重要工序）。以上过程应在 10 万级洁净环境中进行。灌装后送至自动贴标机进行贴标，最后检验，确认药液规格、品名、质量、标识全部合格后包装入库。具体流程如图 3-4 所示。

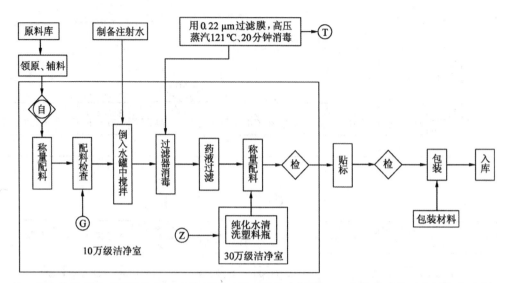

注：G 为关键工序（配料检查），Z 为重要工序（纯化水制备），T 为特殊过程（高压蒸汽灭菌）。

图 3-4　体外诊断（溶血）试剂产品生产工艺流程图

二、生产过程质量分析

（一）生产过程质量分析流程

医疗器械产品生产过程质量分析流程如图 3-5 所示，其中最重要的质量控制步骤是过程受控状态分析。

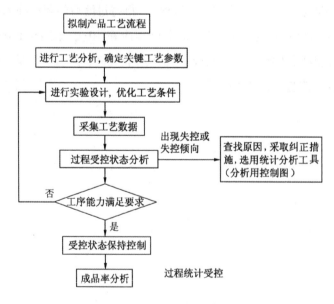

图 3-5　生产过程质量分析流程图

（二）过程受控状态分析

1. 过程能力

对于任何生产过程，产品质量分布总是分散的。工序能力越高，则产品质量特性值的离散程度就越小；工序能力越低，则产品质量特性值的离散程度就越大。过程能力又称工序能力，是指工序在一定时间里处于控制状态（稳定状态）时达成加工品质的能力。通过衡量生产产品质量的离散情况可以判断加工过程满足加工质量要求的能力的高低。用于描述过程能力的指标包括 6σ，Cp 或 Cpk。

2. 6σ

根据正态分布原理，当加工过程处于稳态时，产品质量的特性值约有 99.73% 散布于区间 $[\mu-3\sigma, \mu+3\sigma]$（其中 μ 为产品特性值的总体均值，σ 为产品特性值总体标准差），即几乎全部产品的质量特性值都落在该长度为 6σ 的区间内。因此，通常用 6σ 表示过程能力。它的值越小，表明加工过程满足加工质量要求的能力越高（通常所说的过程能力就是指 6σ）。

在实际应用中，由于总体标准（偏）差 σ 常常未知，用样本标准（偏）差 s 估计总体标准（偏）差，即

$$6\sigma \approx 6s \tag{3-1}$$

例 3-1 某机械零件轴的尺寸为 ϕ（20±0.05）mm，车制 100 件该零件并测量偏差结果，见表 3-1（表中数为测量真实值×100），计算其过程能力。

表 3-1　车制 100 件零件测量偏差结果（单位：mm）

2	-1	0	1	-1	1	0	1	1	-2
1	0	-1	0	1	0	2	0	0	1
0	1	1	2	2	0	2	-1	2	-3
2	0	2	0	1	1	-2	0	-1	-2
0	-2	1	-2	-3	0	-1	-2	1	2
-1	1	0	0	-1	2	0	0	2	-1
-2	0	-1	1	0	0	2	0	-2	3
0	-1	-2	-1	3	1	0	-1	1	3
0	0	0	1	-1	1	0	1	3	0
-1	0	3	0	2	-3	-1	0	-2	0

解　（1）制作频数分布表。

第一步：计算极差。找出数据中最大值与最小值，算出极差 $R = 3-(-3) = 6$（mm）。

第二步：确定组数、组距。本例中取组数 $k=7$，组距 $i=\dfrac{R}{k}=\dfrac{6}{7}\approx 1(\text{mm})$。

第三步：确定各组段的上下限。采用半开半闭区间，确保每个数据只能落在一个组段内。

第四步：计算频数 f_i，组中值 X_i，f_iX_i，$f_iX_i^2$。

得频数分布表（表3-2）和分布图（图3-6）如下：

表 3-2　车制 100 件零件测量偏差值频数分布

组段/mm	频数 f_i	组中值 X_i	f_iX_i	$f_iX_i^2$
$[-3.5,\ -2.5)$	3	-3	-9	27
$[-2.5,\ -1.5)$	10	-2	-20	40
$[-1.5,\ -0.5)$	16	-1	-16	16
$[-0.5,\ 0.5)$	33	0	0	0
$[0.5,\ 1.5)$	20	1	20	20
$[1.5,\ 2.5)$	13	2	26	52
$[2.5,\ 3.5)$	5	3	15	45
合计	100	0	16	200

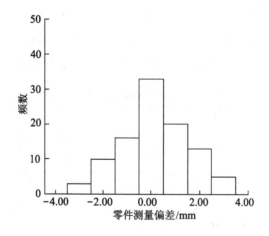

图 3-6　车制 100 件零件测量偏差频数分布图

（2）计算过程能力。

① 直接法。

平均值：
$$\bar{X}=\frac{\sum\limits_{i=1}^{n}X_i}{n}=0.16(\text{mm})\tag{3-2}$$

标准差： $$s = \sqrt{\frac{\sum\limits_{i=1}^{n}(X_i - \bar{X})^2}{n-1}} = \sqrt{\frac{\sum\limits_{i=1}^{n}X_i^2 - \frac{\left(\sum\limits_{i=1}^{n}X_i\right)^2}{n}}{n-1}} \approx 1.412(\text{mm}) \qquad (3-3)$$

过程能力： $$6s = 8.472 \ (\text{mm})$$

② 间接法。

平均值： $$\bar{X} = \frac{\sum\limits_{i=1}^{k}f_iX_i}{\sum\limits_{i=1}^{k}f_i} = 0.16(\text{mm}) \qquad (3-4)$$

标准差： $$s = \sqrt{\frac{\sum\limits_{i=1}^{k}f_iX_i^2 - \frac{\left(\sum\limits_{i=1}^{k}f_iX_i\right)^2}{\sum\limits_{i=1}^{k}f_i}}{\sum\limits_{i=1}^{k}f_i - 1}} \approx 1.412(\text{mm}) \qquad (3-5)$$

式中：X_i 为组中值，f_i 为每组的频数。

过程能力： $$6s = 8.472 \ (\text{mm})$$

3. 过程能力受控情况

如果过程能力受控，加工产品的测量值服从正态分布 $N(\mu, \sigma^2)$。图 3-7 中，USL(Upper Spec Limit) 表示产品的上规格限，LSL(Lower Spec Limit) 表示产品的下规格限。该图表示加工产品 $\mu \pm 3\sigma$ 的观察值（99.73%）正好落在上下规格限之内。USL 及 LSL 是产品特性的控制范围，也是产品检测中的判定依据之一。

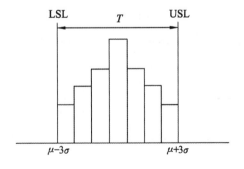

图 3-7 加工产品测量值正态分布图

如果加工过程中某个因素失控（如系统误差、加工精度降低），则会出现以下三种情况：有部分产品的测量值或偏差值超过 LSL(图 3-8(a))；测量值的变异度比较大，有部分产品的测量值或偏差值超过 LSL 或 USL(图 3-8(b))；有部分产品的测量值或偏差值超过 USL(图 3-8(c))。

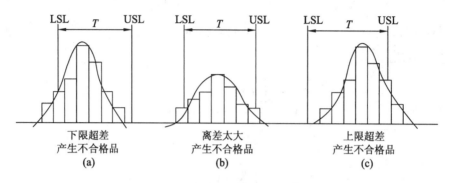

图 3-8　因素失控产生不合格品时产品测量值分布

4. 过程能力指数 Cp 和 Cpk

（1）定义。

6σ 可以描述生产产品质量分散情况，但不能反映工序能力是否满足产品技术要求。因此，还需要另一个参数来反映工序能力是否满足产品技术要求（公差、规格等质量标准）的程度，即过程能力指数。它是技术要求和过程能力的比值，即过程能力指数＝技术要求/过程能力，即 Cp 或 Cpk（Process Capability index）。

当实际产品特性值的平均值 μ 与目标值 M 相等时，过程能力指数记为 Cp。当实际产品特性值的平均值 μ 与目标值 M 有偏离时，引入一个偏移度 k，过程能力指数记为 Cpk。

（2）工序能力判定标准。

根据正态分布的规律，表 3-3 列出了根据 Cp 或 Cpk 判定工序能力的标准。Cp 或 Cpk 越大，过程能力越高，产品合格率越高；Cp 或 Cpk 越小，过程能力越低，产品合格率越低。

表 3-3　工序能力判定

Cp（或 Cpk）	工序能力判定
$Cp > 1.67$	工序能力非常充裕，适用于航空航天等高稳定、高可靠产品的生产，工序质量非常稳定受控。
$1.67 \geqslant Cp > 1.33$	工序能力充裕，工序质量受控，可减少抽样次数。
$1.33 \geqslant Cp > 1.00$	工序能力尚可，基本受控，但没有富余量。

续表

Cp（或 Cpk）	工序能力判定
$1.00 \geqslant Cp > 0.67$	工序能力不足，已出现不合格品，必须采取措施减小工艺参数的分散性，并进行全数检验。
$0.67 \geqslant Cp$	工序能力非常不足，应立即分析原因，采取紧急措施。

（3）过程能力指数的计算。

① 当过程处于统计控制状态时，即实际产品特性值的平均值 μ 与目标值 M 相等时，

$$Cp = \frac{T}{6\sigma} \approx \frac{T}{6s} \tag{3-6}$$

式中：$T = \text{USL} - \text{LSL}$，其中 USL 为上规格限，LSL 为下规格限；$\sigma$ 为测量值总体标准差，s 为样本标准差。显然 Cp 值与标准差成反比，与 T 成正比。

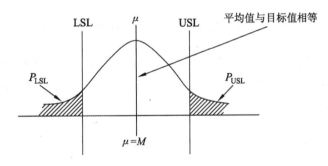

图 3-9　统计控制状态下平均值与目标值关系图

例 3-2　某零件技术要求为（20±0.1）mm，抽样 100 件测得尺寸均值 $\bar{X} = 20$ mm，其标准（偏）差 $s = 0.03$ mm，问过程能力如何？

解　本例中，$\bar{X} \approx \mu = M = 20$ mm

$$T = \text{USL} - \text{LSL} = (20 + 0.1) - (20 - 0.1) = 0.2（\text{mm}）$$

$$Cp = \frac{T}{6\sigma} \approx \frac{T}{6s} = \frac{0.2}{6 \times 0.03} \approx 1.11$$

$1.33 \geqslant Cp > 1.00$，说明工序能力尚可，基本受控，但没有富余量。

② 在实际应用中，由于系统误差的存在，目标值 M 与平均值 μ 相等的情形较为少见，所以引入一个偏移度 k 的概述，即过程平均值 μ 与目标值 M 的偏离过程，用 Cpk 估计 Cp。Cpk 的计算公式为

$$Cpk = (1 - k) Cp \tag{3-7}$$

其中：k 为偏移度，$k=\dfrac{|M-\mu|}{T/2}=\dfrac{2\varepsilon}{T}$，$T=\text{USL}-\text{LSL}$，$\varepsilon=|M-\mu|$。 （3-8）

或者：

$$Cpk=\left(1-\frac{2\varepsilon}{T}\right)\times\frac{T}{6\sigma}=\frac{T-2\varepsilon}{6\sigma}$$ （3-9）

当系统误差存在时，平均值与目标值关系图如图 3-10 所示。

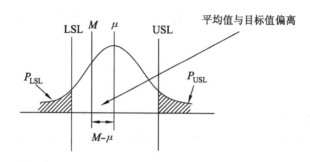

图 3-10　系统误差存在时平均值与目标值关系图

例 3-3　某零件技术要求为（20±0.1）mm，抽样 100 件测得尺寸均值 $\bar{X}=$ 20.02 mm，平均值与目标值关系图如图 3-11 所示，其标准偏差 $s=0.03$ mm，计算 Cpk。

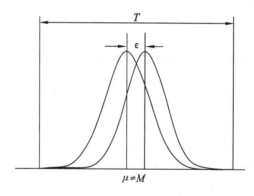

图 3-11　平均值与目标值关系图

解　$T=\text{USL}-\text{LSL}=0.2$ mm

$\varepsilon=|\mu-M|\approx|\bar{X}-M|=20.02-20.0=0.02(\text{mm})$

$\sigma\approx s=0.03$ mm

$Cpk=\dfrac{T-2\varepsilon}{6\sigma}=\dfrac{0.2-2\times0.02}{6\times0.03}\approx0.89$

$1.00 \geqslant Cp > 0.67$，表明过程能力不足。已出现不合格品，必须采取措施减小工艺参数的分散性，并进行全数检验。

当加工分布中心与技术要求有偏离时，Cpk 比 Cp 要小。

③ 单向过程能力指数。

上述两种方法均考虑了双向公差（规格限）的技术要求，如果某些产品仅考虑单向（上限或下限）的技术指标，则在考查过程能力时，只需计算单向公差过程能力指数 Cp_U 或 Cp_L，其中 Cp_U 为只考虑上限的过程能力指数，Cp_L 为只考虑下限的过程能力指数。

$$Cp_U = \frac{T_U}{3\sigma} \approx \frac{T_U}{3s} \tag{3-10}$$

$$T_U = |\text{USL} - \mu| \approx |\text{USL} - \bar{X}| \tag{3-11}$$

$$Cp_L = \frac{T_L}{3\sigma} \approx \frac{T_L}{3s} \tag{3-12}$$

$$T_L = |\text{LSL} - \mu| \approx |\text{LSL} - \bar{X}| \tag{3-13}$$

例 3-4　某医疗设备要求噪声水平应小于 20 分贝，现抽样 20 台样本，测得其均值 $\bar{X}$ 为 15 分贝，标准偏差 $s = 1.25$ 分贝，问工序能力 Cp_U 如何？

解　该案例仅要求技术要求的上限 20 分贝，则

$$T_U = |\text{USL} - \mu| \approx |\text{USL} - \bar{X}| = |20 - 15| = 5（分贝）$$

$$Cp_U = \frac{T_U}{3\sigma} \approx \frac{T_U}{3s} = \frac{5}{3 \times 1.25} \approx 1.33$$

$1.33 \geqslant Cp_U > 1.00$，表明工序能力尚可，基本受控，但没有富余量。

例 3-5　对某医疗仪器变压器线圈进行耐压试验，要求击穿电压应不小于 1 500 V，现抽样 50 件样本，测量得其耐压均值 $\bar{X} = 1 950$ V，标准偏差 $s = 112$ V，问工序 Cp_L 如何？

解　该案例仅要求技术要求的下限 1 500 V，则

$$T_L = |\text{LSL} - \mu| \approx |\text{LSL} - \bar{X}| = |1\,950 - 1\,500| = 450（V）$$

$$Cp_L = \frac{T_L}{3\sigma} \approx \frac{T_L}{3s} = \frac{450}{3 \times 112} \approx 1.339$$

$1.67 \geqslant Cp_L > 1.33$，表明工序能力充裕，工序质量受控，可减少抽样次数。

三、生产部门常用统计图表

在医疗器械产品生产制造过程中，生产部门为了实现设计者的意图，确保产品质量安全有效、满足预期使用要求，需要应用一些统计技术分析过程中的问题，找出变异，对生产过程质量进行控制。生产部门常用的统计技术包括折线图法、均值-极差管理图（$\bar{X}$-R 图）、不合格数管理图（Pn 图）、不合格率管理图（P 图）、缺陷点数管理图（C 图）、排列图、因果图、调查表、预控图等。

（一）过程质量控制方法——控制图（或称管理图）法

为了了解生产过程质量，预测未来趋势，达到对过程质量的预先控制，就需要研究数据随时间变化的统计规律的动态方法。使用数据分析找出变异，将生产过程中的事后把关检验变为事前因素分析，即将 5MIE 各个因素造成的系统误差，如机床振动、刀具的磨损、夹具的松动、材料的变化、定位基准的位移、员工变动等原因引起的异常波动，通过数据分析制成控制图，可以清楚地看到数据变化的统计规律，以便采取相应的控制措施，这是一种预防性的控制方法，称控制图法。由小概率事件可知：当产品质量服从正态分布时，绝大部分数据都落在 $[\mu-3\sigma,\ \mu+3\sigma]$ 之中，称 3σ 原理。产品质量在此区间的概率为 $P(\mu-3\sigma \leqslant X \leqslant \mu+3\sigma) \approx 0.997$，其随机误差仅约为 0.3%，可视为受控状态。若 X 出现在 $\mu\pm3\sigma$ 之外，则认为是异常波动，即为非受控状态。一般情况下，有

$$UCL=\mu+3\sigma \tag{3-14}$$

$$LCL=\mu-3\sigma \tag{3-15}$$

控制图的基本模式如图 3-12 所示。图中 UTL（Upper Tolerance Limit），LTL（Lower Tolerance Limit）分别代表公差上限和公差下限，它们是由产品的性能、材料要求、制造工艺决定的，超出公差即为不合格品。对于不合格品的处理，一般公司都会有相应的程序，如让步接受、返工、报废等。UCL（Upper Control Limit），LCL（Lower Control Limit）分别代表上控制限和下控制限，是产品制造过程中质控人员考察稳定性时对某一特性设定的限值。

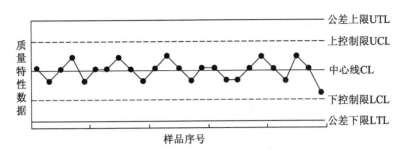

图 3-12　控制图基本模式

（二）折线图法

折线图是常用的一种统计图表，其方法是对产品每天的生产情况进行统计，将产品品种、生产数量、产品合格数、产品合格率等数据填入设计好的表格，然后根据具体情况，按日、按月进行统计汇总分析，公布质量情况，使员工了解情况，参与管理，提出改进建议。

不合格（或称不良）分类包括：

（1）严重不合格：指对人体造成伤害或系统故障，产品已不能工作；

（2）重不合格：指未对人体造成伤害的局部故障，不影响产品工作；

（3）轻不合格：指一般轻微的不合格，如轻微的外观不良。

例 3-6　某产品质量的基本统计（折线图法）数据如表 3-4 和图 3-13 所示。

表 3-4　某产品质量的基本统计数据表

月份	1	2	3	4	5	6	7	8	9	10	11	12	总计
生产数/件	100	100	100	100	100	100	100	100	100	100	100	100	1 200
合格数/件	96	95	96	93	96	96	97	96	97	97	97	98	1 154
合格率/%	96.0	95.0	96.0	93.0	96.0	96.0	97.0	96.0	97.0	97.0	97.0	98.0	96.2

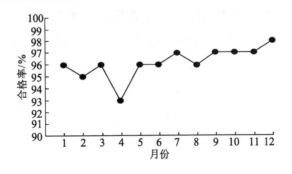

图 3-13　某产品质量趋势图

也可用不合格（或称不良）率趋势图来表述质量趋势，如图 3-14 所示。

例 3-7　某企业 1 月份出现产品严重不合格（A）2 件、重不合格（B）6 件、轻不合格（C）10 件，产量 100 件，按下式可以计算出 1 月份不良率 Q_B 为 6%。

$$Q_B = \frac{\sum A + 0.5 \times \sum B + 0.1 \times \sum C}{N} = \frac{2 + 3 + 1}{100} = 6\%$$

依次将每月数据计算后，全年平均不良率为 4.2%，根据每月不良率绘制出折线图（图 3-14）。

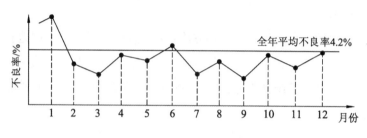

图 3-14　不良率折线图

从图 3-14 可知，1 月份、6 月份和 12 月份不良率超过或等于全年平均值，而其他月份的不良率较低。

（三）均值-极差控制图（$\bar{X}$-R 图）

对于计量数据，均值-极差控制图（$\bar{X}$-R 图）是最常用、最基本的控制图。均值-极差控制图是均值控制图（$\bar{X}$ 图）和极差控制图（R 图）结合使用的一种控制图。$\bar{X}$ 图用于观察均值分布的变化，判断生产过程是否处于或保持在所要求的控制状态；R 图用于观察分布的分散情况或变异度的变化，判断生产过程的极差是否处于或保持在所要求的状态。$\bar{X}$-R 图将二者结合使用，用于观察分布的变化。

例 3-8　某医用电子仪器中装配电机部件，为确保零件同轴度，减少噪声并满足强度要求，设计用四个 M4×15 螺钉固定安装在机座上，其螺装力矩要求为 (50±10) N·m。为使工序质量受控，建立了质量控制点，工艺人员连续抽取 20 批样本，共计 80 个数据，如表 3-5 所示。请计算过程能力指数，判定过程是否受控，并绘制控制图。

表 3-5 装配力矩数据

编号	1	2	3	4	$\overline{X}$	R	编号	1	2	3	4	$\overline{X}$	R
1	54	48	52	53	51.75	6	11	53	51	50	54	52.00	4
2	50	49	54	53	51.50	5	12	51	49	52	53	51.25	4
3	49	52	53	55	52.25	6	13	50	53	49	54	51.50	5
4	53	49	52	54	52.00	5	14	52	54	48	50	51.00	6
5	48	48	52	54	50.50	6	15	49	53	50	51	50.75	4
6	54	48	50	53	51.25	6	16	50	51	48	49	49.50	3
7	54	47	53	53	51.75	7	17	49	53	50	52	51.00	4
8	48	50	54	54	51.50	6	18	51	54	53	49	51.75	5
9	52	48	54	54	52.00	6	19	53	49	50	49	50.25	4
10	49	48	52	54	50.75	6	20	50	52	49	51	50.50	3
$\overline{\overline{X}}=51.2375$, $\overline{R}=5.05$													

解 计算步骤如下:

(1) 了解技术要求。本例技术要求为满足同轴度、减少噪声,并满足标准中的强度要求,采用螺装工艺,其力矩要求为 $(50\pm10)\mathrm{N\cdot m}$;

(2) 在现场抽样,取样本 20 批,共 80 个数据;

(3) 计算每组的样本均值 $\overline{X}$ 和极差 R,计算总均值 $\overline{\overline{X}}$ 和极差均值 $\overline{R}$。

$$\overline{X}=\frac{1}{n}\sum_{i=1}^{n}X_i,\ R=X_{\max}-X_{\min}\ (i=1,2,3,\cdots,n)$$

其中,X_i 为每组各样本值,n 为每组样本个数,$X_{\max}$ 为每组样本中的最大值,$X_{\min}$ 为每组样本中的最小值。

$$\overline{\overline{X}}=\frac{1}{k}\sum_{i=1}^{k}\overline{X}_i=51.2375(\mathrm{N\cdot m})$$

$$\overline{R}=\frac{1}{k}\sum_{i=1}^{k}R_i=5.05(\mathrm{N\cdot m})$$

其中,$\overline{X}_i$ 为每组的平均值,R_i 为每组的极差,k 为批数或组数。

(1) 计算过程能力指数 Cp 与 Cpk。

$$T=\mathrm{USL-LSL}=(50+10)-(50-10)=20(\mathrm{N\cdot m})$$

$$Cp=\frac{T}{6\,\overline{R}\times(1/d_2)}=\frac{20}{6\times5.05\times(1/2.059)}\approx1.359$$

式中，d_2 根据表 3-6 查到，每组样本 $n=4$，$d_2=2.058\,8$。

由于目标值与平均值不相等，最好计算 Cpk：

$$k=\frac{\left|M-\overline{\overline{X}}\right|}{T/2}=\frac{\left|50-51.237\,5\right|}{20/2}=0.123\,75$$

$$Cpk=(1-k)\,Cp\approx(1-0.123\,75)\times1.359\approx1.191$$

$1.33\geqslant Cp>1.00$，工序能力尚可，基本受控，但没有富余量。

（2）计算控制限。

控制限是由一组的样本容量以及反映在极差上的一组内的变异的量决定的，在此例中控制限的计算方法如下：

$$\mathrm{UCL}_R=D_4\,\overline{R} \tag{3-16}$$

$$\mathrm{LCL}_R=D_3\,\overline{R} \tag{3-17}$$

$$\mathrm{UCL}_X=\overline{\overline{X}}+A_2\,\overline{R} \tag{3-18}$$

$$\mathrm{LCL}_X=\overline{\overline{X}}-A_2\,\overline{R} \tag{3-19}$$

公式中的系数 A_2，D_3，D_4 及 d_2 的数值见表 3-6。

表 3-6　$\overline{X}$-R 控制图中的系数 A_2，D_3，D_4 及 d_2

n	2	3	4	5	6
A_2	1.880	1.023	0.729	0.577	0.483
D_3	0	0	0	0	0
D_4	3.627	2.575	2.282	2.115	2.004
d_2	1.128 4	1.692 6	2.058 8	2.325 9	2.534 4

在本题中，$n=4$，$A_2=0.729$，$d_2=2.058\,8$，

$$\mathrm{UCL}_R=D_4\,\overline{R}=2.282\times5.05\approx11.524(\mathrm{N}\cdot\mathrm{m})$$

$$\mathrm{LCL}_R=D_3\,\overline{R}=0\times5.05=0.0(\mathrm{N}\cdot\mathrm{m})$$

$$\mathrm{UCL}_X=\overline{\overline{X}}+A_2\times\overline{R}=51.237\,5+0.729\times5.05\approx54.919(\mathrm{N}\cdot\mathrm{m})$$

$$\mathrm{LCL}_X=\overline{\overline{X}}-A_2\times\overline{R}=51.237\,5-0.729\times5.05\approx47.556(\mathrm{N}\cdot\mathrm{m})$$

（3）绘制控制图。

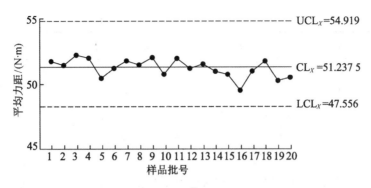

图 3-15　$\bar{X}$ 控制图

由图 3-15 可以看出，20 批数据的平均值均在上、下控制限范围内，生产过程处于受控状态。

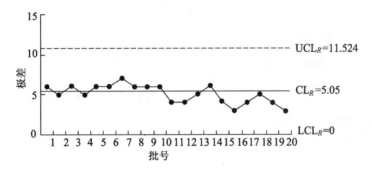

图 3-16　R 控制图

由图 3-16 可以看出，极差无异常，也在正常控制范围内。

（四）不合格品数管理图（Pn 图）

生产过程中不合格品数的统计称 Pn，可用不合格品数管理图法对生产过程进行质量控制。

例 3-9　某公司生产 26 批产品，每批 100 件，各批不合格品数如表 3-7 所示，请绘制不合格品数管理图。

表 3-7　26 个生产批次不合格品数

批号	1	2	3	4	5	6	7	8	9
不合格品数	3	2	4	5	3	2	2	3	4
批号	10	11	12	13	14	15	16	17	18
不合格品数	2	3	5	4	1	2	4	5	3

续表

批号	19	20	21	22	23	24	25	26	合计
不合格品数	4	3	2	2	1	3	4	2	78

解 （1）计算平均值：

$$\bar{f} = \frac{1}{N}\sum_{i=1}^{N} f_i = \frac{3+2+4+\cdots+2}{26} = \frac{78}{26} = 3$$

式中，N 代表批次数，f_i 代表每批次产品不合格品数，$\bar{f}$ 代表平均每批次产品的不合格品数。

（2）计算平均每批次产品的不合格率：

$$p = \frac{\bar{f}}{n} = \frac{3}{100} = 0.03$$

式中，n 为每批次生产产品总数，本例 $n=100$。

（3）求平均每 100 个产品中出现不合格品数的标准误：

$$\sigma_p = \sqrt{\bar{f}(1-p)} = \sqrt{3\times(1-0.03)} \approx 1.70$$

（4）画管理图（图 3-17）。

$$\text{UCL} = \bar{f}+3\sigma_p = 3+3\times1.70 = 8.10$$

$$\text{LCL} = \bar{f}-3\sigma_p = 3-3\times1.70 = -2.1 \quad（负值无意义，故下限可为 0）$$

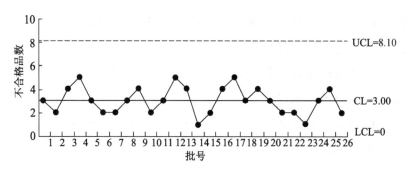

图 3-17 不合格品数管理图

从图 3-17 中可看出，所有点子均在控制限内，说明生产过程受控，产品质量稳定。

（五）不合格率（或称不良率）管理图（P 图）

P 图是用于描述每个样本不合格率的计数型控制图，每个分组样本可以有相同的样本量或不相同的样本量。P 图的通用性强、用途广，其方法与 Pn 图相同，只是把不合格品数换成不合格率来处理。

不合格率管理图的制作过程包括：

——先收集每天的生产数量和不合格品数；

——计算每天的不合格率；

——填入统计表；

——计算平均不合格率；

——计算平均不合格率的标准误；

——计算控制限，绘制管理图；

——将管理图直线化。

例 3-10　某公司生产泵体部件质量统计的数据表（表 3-8）如下：

表 3-8　某公司生产泵体部件质量统计数据表

批号	生产数	不良数	不良率/%	批号	生产数	不良数	不良率/%
1	600	3	0.50	11	300	1	0.33
2	360	2	0.56	12	350	2	0.57
3	350	1	0.29	13	300	1	0.33
4	360	2	0.56	14	360	2	0.56
5	350	1	0.29	15	200	0	0.00
6	190	0	0.00	16	350	1	0.28
7	300	1	0.33	17	300	1	0.33
8	260	1	0.39	18	180	0	0.00
9	230	0	0.00	19	300	2	0.66
10	300	1	0.33	20	300	1	0.33
合计不良数=23 个，生产总数 6 240 件							

对于每批次样品，都可计算出该批次样品对应的上、下控制限。

（1）当每批次样品含量 n 均相同时，P 图的中心线（CL）和上、下控制限（UCL 和 LCL）均为一条直线，其计算方法如下：

$$\mathrm{CL} = P \approx \bar{P} = \frac{1}{N}\sum_{i=1}^{k} f_i \qquad (3\text{-}20)$$

$$\sigma_P = \sqrt{\frac{P(1-P)}{N}} \approx \sqrt{\frac{\bar{P}(1-\bar{P})}{N}} \tag{3-21}$$

$$UCL = P + 3\sigma_P = P + 3\sqrt{\frac{P(1-P)}{N}} \approx \bar{P} + 3\sqrt{\frac{\bar{P}(1-\bar{P})}{N}} \tag{3-22}$$

$$LCL = P - 3\sigma_P = P - 3\sqrt{\frac{P(1-P)}{N}} \approx \bar{P} - \sqrt{\frac{\bar{P}(1-\bar{P})}{N}} \tag{3-23}$$

式中，P 代表总不合格率（由于其通常未知，一般用平均不合格率 $\bar{P}$ 代替），N 代表总产品数，k 代表产品批数，f_i 代表每批产品生产数，σ_P 代表总不合格率的标准误。

（2）当每批次样品含量不同时，对于每批次样品，都可计算出该批次样品对应的上、下控制限。在控制图中，上、下控制限表现为凹凸状，如图 3-18 所示。

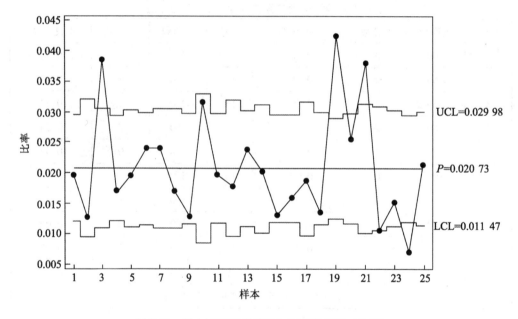

图 3-18　样本量不同时的不合格率管理图（P 图）

$$UCL = P + 3\sigma_P = P + 3\sqrt{\frac{P(1-P)}{n}} \tag{3-24}$$

$$LCL = P - 3\sigma_P = P - 3\sqrt{\frac{P(1-P)}{n}} \tag{3-25}$$

式中，P 代表每批次产品不合格率，n 代表每批产品数。

（3）凹凸状的 P 控制图不便于判断生产的稳定性或生产是否处于异常，当 n 无

法取得一致，而对控制图要求不是很高，并且满足条件 $\begin{cases} n_{\max} \leqslant 2\bar{n}, \\ n_{\min} \geqslant \dfrac{\bar{n}}{2} \end{cases}$ 时，可以采用平均

值的方法，使管理图上、下控制限直线化。

$$\bar{n} = \frac{1}{k}\sum_{i=1}^{k} n_i \tag{3-26}$$

CL, σ_P, UCL 及 LCL 的计算方法同（1）。

解 本题计算步骤：

（1）在本题中，各批次样本量 n 不同，控制图上、下控制限呈凹凸状，绘制 P

控制图，如图 3-19 所示。

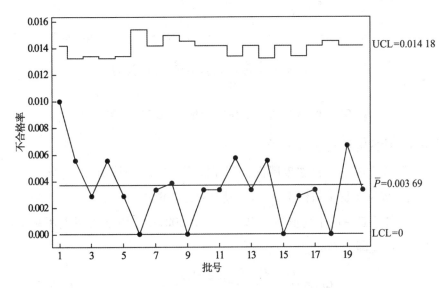

图 3-19 样本量不同时的不合格率管理图（P 图）

（2）为了便于判断生产处于稳定还是异常，将管理图上、下控制限直线化。

$\bar{n} = \dfrac{1}{k}\sum_{i=1}^{k} n_i = \dfrac{6\,240}{20} = 312$，$n_{\max} = 360 \leqslant 2 \times 312$，$n_{\min} = 180 \geqslant \dfrac{312}{2}$，满足直线化的

要求。

① 计算平均不合格率和中心线：

$$CL = P \approx \bar{P} = \frac{1}{N}\sum_{i=1}^{20} f_i = \frac{3 + 2 + 1 + \cdots + 2 + 1}{6\,240} \approx 0.369\%$$

② 计算标准误：

$$\sigma_P = \sqrt{\frac{P(1-P)}{N}} \approx \sqrt{\frac{\bar{P}(1-\bar{P})}{N}} \approx 0.077\%$$

③ 计算上控制限和下控制限：

$$UCL \approx \bar{P} + 3\sigma_P = 0.369\% + 3 \times 0.077\% \approx 0.600\%$$

$$LCL \approx \bar{P} - 3\sigma_P = 0.369\% - 3 \times 0.077\% \approx 0.138\%$$

④ 绘制管理图（图3-20）。

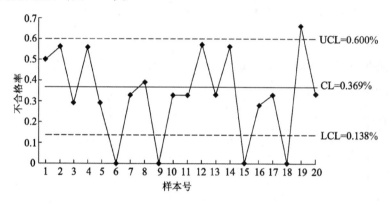

图3-20 样本量不同时的不合格率管理图（P图）

例3-11 计数资料 Cp 值的计算。

某医疗器械公司生产驱动板部件，其焊接不良率的平均值为 1.2%，标准误为 0.002 6，公司要求不良率指标小于 2%，请计算工序能力。

解 由已知不良率的平均值为 1.2%，$\sigma_P = 0.002\,6$，则单向公差与平均不良率之差除以 3 倍标准差即为 Cp_U 值：

$$Cp_U = \frac{T_U}{3\sigma_P} = \frac{P_U - \bar{P}}{3\sigma_P} = \frac{2\% - 1.2\%}{3 \times 0.002\,6} \approx 1.026$$

$1.33 \geqslant Cp_U > 1.00$，表明工序能力尚可，基本受控，但没有富余量。

（六）缺陷数管理图（C 图）

1. 缺陷数管理图的应用

缺陷数管理图是对每天生产中出现的疵点进行统计，作出管理图进行分析，用来改进产品质量，如每平方米布上的疵点、电路板焊接疵点、注塑件上的疵点、每个面板上的疵点等。

例3-12 某医疗器械公司对印制电路板焊接工序取 26 个样本，其疵点数据如

表3-9所示，请计算均值、标准偏差，绘出管理图，计算工序能力 Cp_U。

表3-9　焊接不良疵点数

样本号	1	2	3	4	5	6	7	8	9	10	11	12	13	小计
疵点数	3	2	3	4	2	3	3	4	3	2	3	4	3	39
样本号	14	15	16	17	18	19	20	21	22	23	24	25	26	小计
疵点数	2	3	3	2	2	3	4	3	2	4	3	1	2	34
合计														73

（1）计算均值、标准偏差。

疵点均值：$\bar{C} = \dfrac{1}{k} \sum_{i=1}^{k} = \dfrac{3+2+3+\cdots+2}{26} = \dfrac{73}{26} \approx 2.81$

标准偏差：$\sigma = \sqrt{\bar{C}} = \sqrt{2.81} \approx 1.676$

（2）作管理图（图3-21）。

控制上限：$\text{UCL} \approx \bar{C} + 3\sqrt{\bar{C}} = 2.81 + 3 \times 1.676 = 7.838$

控制下限：$\text{LCL} \approx \bar{C} - 3\sqrt{\bar{C}} = 2.81 - 3 \times 1.676 = -2.218$

下限为负值，取零。

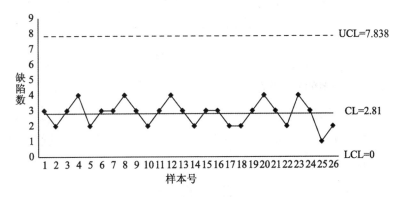

图3-21　缺陷数管理图

从管理图中看出无异常点子，生产过程受控。

（3）计算 Cp_U 值。当允许疵点数为8时，其 Cp_U 是多少？

$$Cp_U = \frac{T_U}{3\sigma} = \frac{|\text{USL} - \bar{C}|}{3\sqrt{\bar{C}}} = \frac{|8 - 2.81|}{3 \times 1.676} \approx 1.032$$

此值表明工序能力尚可，基本受控，但没有富余量。

2. 管理图分析（图 3-22）

通过分析管理图，可观察数据排列的点子是否有异常。

（1）若管理图中有点子越出控制限，则该过程为失控；

（2）若管理图中连续 7 个点子在中心线同一侧，则该过程为失控；

（3）若管理图中连续 7 个点子或更多点子单调上升或下降，则该过程也为失控。

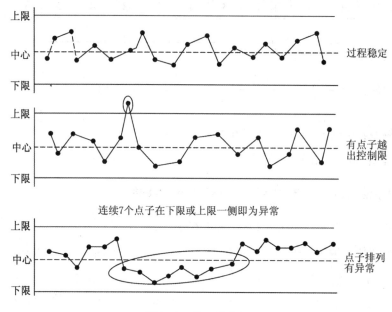

图 3-22　管理图分析

（七）排列图、因果图、调查表（两图一表）

两图一表应用范围较为广泛，是比较灵活方便的统计技术，在生产、采购、检验、销售、服务等各个过程中均可使用排列图、因果图、调查表，其使用方法是：

（1）确定调查项目，进行现场调查；

（2）列出调查的问题，填入调查表，分析原因；

（3）计算不良项目的百分比和累计百分比；

（4）按不良项目百分比绘制排列图；

（5）针对主要问题，绘制因果图，研究改进计划；

（6）针对不良原因，实施改进计划；

（7）采取纠正和预防措施，评价改进效果。

在产品实现过程中企业可通过 PDCA 质量循环活动提升产品质量，其改进情况通过计算工序能力指数 Cp 值来体现，见案例 3-13。

例 3-13　某医疗器械公司部件班组生产泵体小部件，每日生产 400 件，产品平均不良率为 2.4%。公司要求质量指标不良率小于 5%，问这个班组通过技术培训开展 PDCA 质量活动后，工序能力指数如何？

解　本题中，USL=5%，$\bar{P}=2.4\%$。

$$T_U = USL - \bar{P} = 5\% - 2.4\% = 2.6\%$$

$$\sigma_P = \sqrt{\frac{\bar{P}(1-\bar{P})}{n}} = \sqrt{\frac{2.4\% \times (1-2.4\%)}{400}} \approx 0.76\%$$

$$Cp_U = \frac{T_U}{3\sigma_p} = \frac{2.6\%}{3 \times 0.76\%} \approx 1.14$$

$1.33 \geqslant Cp_U > 1.00$，表明工序能力尚可，基本受控，但没有富余量。

四、预控图法

因医疗器械品种繁多，生产工艺各不相同，所以对产品质量的控制方法也不相同。采用预控图法来保持过程持续受控是一个比较好的质量控制方法。

预控图法是一种简单的过程控制工具，适用于医疗器械品种多、批量小的生产过程控制。它是在过程发生异常之前进行预控，预控图法不需要计算控制界限，免除了数据计算过程，是直接用单个样品的实测值对过程作出判断。

1. 预控图法的应用规则

（1）预控图法要求质量数据必须服从正态分布；

（2）预控图法要求过程能力指数 $Cp \geqslant 1$；

（3）预控图法要求过程质量数据分布中心必须与公差中心相重合。

2. 预控图法的区域划分

（1）预控图法是应用小概率原理，使置信度 $\alpha = 0.01$，数值有 99% 的概率落在 $X = \pm 2.576\sigma$ 范围内。其作法是在正态分布图内添加两条预控线（P-C 线），使正态分布图分为三个区域，绿区为目标区，黄区为警戒区，红区为废品区，如图 3-23 所示。

（2）预控图中分布概率。绿区是目标区，占规格界限的一半，其分布概率为 86.6%；黄区是警戒区，在目标区两侧，占规格界限的 1/4，分别是 LTL ~ P-C，P-C ~ UTL，分布概率均为 6.565%；红区是废品区，在分布规格界限之外，废品区的概率为 0.135%，两边的总不合格率为 0.27%。绿区和黄区分布概率相加为

$86.6\% + 2 \times 6.565\% = 99.73\%$。

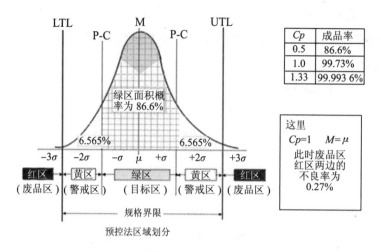

Cp	成品率
0.5	86.6%
1.0	99.73%
1.33	99.993 6%

这里
$Cp=1$　$M=\mu$
此时废品区
红区两边的
不良率为
0.27%

图 3-23　预控图

3. 预控图法的实施方法

（1）过程开始时需连续测量 5 件产品，其实测值应全部落在绿区，说明生产过程稳定受控，符合要求，过程可以开始运行。若 5 件中有 1 件落在绿区外，则要调整工艺参数或设备、工装、仪器，直到连续检测 5 件产品，其实测值全部落在绿区，才能正式运行。

（2）过程正式运行后，按确定的时间间隔每次连续抽取 2 件产品检测。若 2 件产品的检测值均落在绿区，说明过程正常，可以正常生产；若 2 件产品的检测值中，一件落在黄区，另一件落在绿区，此时概率 $P = 86.6\% \times 6.565\% \approx 5.69\%$，判断过程正常，可以正常生产。

（3）若 2 件产品的检测值均落在黄区，说明产品的尺寸离差大了，已偏离了公差中心，过程发生异常，应及时调整设备精度，减小离差，然后重新开始。

（4）抽取样品中只要有 1 件产品的检测值落在红区，则表明过程异常，出现了不合格品，需要停止生产，分析原因，采取相应措施，等验证措施有效后重新加工部件。

五、生产设备管理

在医疗器械生产过程中，对设备的使用和管理非常重要，如何发挥设备的有效度是我们要讨论的主要问题。

1. 设备的有效度及相关参数

设备综合特征的度量可用以下三个参数来表示：设备的有效度、可靠度和维修度。

A（Availability）——有效度，即设备的运转能力。

R（Reliability）——可靠度。

M（Maintainability）——维修度。

若以时间表示，则有如下关系：

$$A = \frac{设备可动作的时间}{设备可动作的时间+设备不能动作的时间} = \frac{MTBF}{MTBF+MTTR}。$$

式中，MTBF（Mean Time between Failures）是平均无故障工作时间，MTTR（Mean Time to Repair）是平均修复故障的时间。

例 3-14 某公司医用氧舱生产设备 2010 年 7 月至 2011 年 6 月共计运行 2 500 h，在此期间维修时间共 400 h，计算其设备运转能力。

解 设备运转能力：$A = \dfrac{MTBF}{MTBF+MTTR} = \dfrac{2\ 500}{2\ 500+400} \approx 86.2\%$

2. 提高和改善设备的有效度

如何提高和改善设备的有效度？可以从设备的可靠度 R 和设备的维修度 M 入手，如图 3-24 所示。

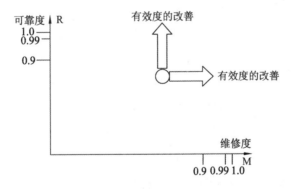

图 3-24 设备的改善

由图 3-24 可看出，设备的可靠度和维修度越好，设备运行能力越好，有效度也就越高，所以设备的可靠度设计和维修度设计以及对设备的维护都可以提高设备的有效度。

第二节　统计技术在质量部门中的应用

质量管理部门承担着产品检验、质量把关、日常监督的职能。在产品实现的全过程中，应充分利用统计技术对产品质量状态进行统计数据分析，寻找改进的措施，以确保产品质量满足法规和顾客的需求。

一、质量部门常用统计技术

质量部门负责产品检测、趋势分析、质量管理以及质量指标的检查考核等工作，通常涉及以下方面统计技术的应用：

（1）二项分布方程；

（2）二项分布特性曲线；

（3）应用二项分布设计抽样方案；

（4）QC 曲线与不良率的关系；

（5）产品检验计数抽样方法（GB 2828.1 标准）；

（6）产品一次交验合格率、开箱合格率及质量考核方法；

（7）元器件评价方法和质量预测。

（一）二项分布

1. 二项试验的定义

将随机试验重复 n 次，每次试验是相互独立的，其结果只有两种可能：事件 A 发生，概率为 p；事件 A 不发生，概率为 $q=1-p$。这种试验称为二项试验。

2. 二项式的表达式

$$P(X=i) = C_n^i p^i (1-p)^{n-i} \tag{3-27}$$

此公式可以用来解决抽样中的概率问题。

3. 二项分布图形

我们可以通过以下案例来描述二项分布图形。

例 3-15　某医疗器械产品的不合格率为 10%，任意抽取 5 件产品，问其不合格数为 0，1，2，3，4，5 的概率各是多少？

解　由题知 $n=5$，$p=0.1$，而 $1-p=0.9$，根据二项分布公式分别计算 $i=0$，1，2，3，4，5 的概率：

$$P(X=0)=C_5^0\times0.1^0\times(1-0.1)^{5-0}=\frac{5!}{0!5!}\times0.1^0\times0.9^5=0.590\,49$$

$$P(X=1)=C_5^1\times0.1^1\times(1-0.1)^{5-1}=\frac{5!}{1!4!}\times0.1^1\times0.9^4=0.328\,05$$

$$P(X=2)=C_5^2\times0.1^2\times(1-0.1)^{5-2}=\frac{5!}{2!3!}\times0.1^2\times0.9^3=0.072\,9$$

$$P(X=3)=C_5^3\times0.1^3\times(1-0.1)^{5-3}=\frac{5!}{3!2!}\times0.1^3\times0.9^2=0.008\,1$$

$$P(X=4)=C_5^4\times0.1^4\times(1-0.1)^{5-4}=\frac{5!}{4!1!}\times0.1^4\times0.9=0.000\,45$$

$$P(X=5)=C_5^5\times0.1^5\times(1-0.1)^{5-5}=\frac{5!}{5!0!}\times0.1^5\times0.9^0=0.000\,01$$

将上述计算结果列入表 3-10，并画出图形，其概率如图 3-25 所示。

表 3-10　某医疗器械产品不合格数的概率分布

$P(X=0)$	0.590 49
$P(X=1)$	0.328 05
$P(X=2)$	0.072 9
$P(X=3)$	0.008 1
$P(X=4)$	0.000 45
$P(X=5)$	0.000 01

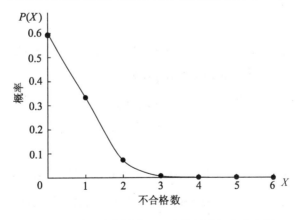

图 3-25　某医疗器械产品不合格数的概率分布图

4. 应用二项分布设计抽样方案

（1）抽样方案设计的原则是保护生产方和使用方双方的利益，使生产方的风险 α 和使用方的风险 β 都尽可能小。通常 α 取 1%，5%，10%，β 取 5%，10%，20%（一般 α 取 1%，β 取 5%）。

（2）设计抽样方案首先要确定产品批量 N、抽样数 n、判定合格批数 c 三个量。

（3）用不合格数 d 来判定：当 $d \leq c$ 时，即为合格批；当 $d > c$ 时，即为不合格批。

（4）抽样方案可用类似二项分布公式（3-28）计算，其图形见图 3-26。

$$L(p) = \sum_{d=0}^{c} C_n^d \times p^d \times (1-p)^{n-d} \tag{3-28}$$

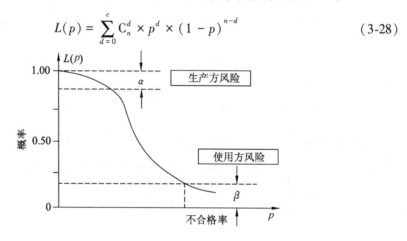

图 3-26　接收率曲线图

从图中可看出 $L(p)$ 有下面三个特点：

（1）$L(0) = 1$；

（2）$L(1) = 0$；

（3）$L(p)$ 是减函数。

5. 抽样案例

例 3-16　有一批产品，总数 $N = 1\ 000$ 件，不合格率 $p = 4\%$，若采用抽样方案（1 000，30，2）进行验收，问接收概率如何？

解　由于 $N > 10n$，可用二项分布计算接收概率。

$$L(p) = \sum_{d=0}^{c} C_n^d \times p^d \times (1-p)^{n-d}$$

$$= C_{30}^0 \times 0.04^0 \times (1-0.04)^{30-0} + C_{30}^1 \times 0.04^1 \times (1-0.04)^{30-1} + C_{30}^2 \times 0.04^2 \times (1-0.04)^{30-2}$$

$$\approx 1 \times 1 \times 0.293\ 8 + 30 \times 0.04 \times 0.306\ 1 + 435 \times 0.001\ 6 \times 0.318\ 9$$

$$\approx 0.293\ 8 + 0.367\ 3 + 0.222\ 0 \approx 0.883$$

所以该方案的接收概率约为 88.3%。

（二）泊松分布

1. 泊松分布的定义

在二项分布中，当试验次数 n 很大，且某事件发生的概率 p 又比较小时，这时 $n \times p = \lambda$ 为一常数，这就构成泊松分布。

泊松分布表达式：
$$L(p) = \sum_{d=0}^{c} \frac{(np)^d}{d!} e^{-np} \tag{3-29}$$

在例 3-16 中用泊松分布计算，其结果与二项分布基本相同。

先看一下鉴别比 $\dfrac{n}{N} = \dfrac{30}{1\ 000} = 0.03 < 0.10$，而 $p = 0.04$ 也小于 0.1，故

$$L(0.04) = \sum_{d=0}^{2} \frac{(30 \times 0.04)^d}{d!} e^{-(30 \times 0.04)} = \frac{1.2^0}{0!} e^{-1.2} + \frac{1.2^1}{1!} e^{-1.2} + \frac{1.2^2}{2!} e^{-1.2}$$

$$\approx 0.30 + 0.361 + 0.218 \approx 0.880$$

2. QC 曲线与不良率 p 的关系

QC 曲线与不良率 p 是减函数的关系，我们通过以下案例说明。

例 3-17 某企业产品的检验方案为（1 000，30，3），计算其不合格率 p 分别为 5%，10%，15%，20% 的接收概率 $L(p)$，请画出 QC 曲线。

由泊松分布公式 $L(p) = \sum_{d=0}^{c} \frac{(np)^d}{d!} e^{-np}$，计算结果如表 3-11 所示

表 3-11 某企业产品接收概率 $L(p)$ 的分布

d	5%	10%	15%	20%
0	0.21	0.04	0.007	0.001
1	0.342	0.139	0.039	0.009
2	0.263	0.229	0.102	0.032
3	0.128	0.24	0.171	0.077
$L(p)$	0.943	0.648	0.319	0.119

按表中的数据绘出 QC 曲线图，如图 3-27 所示。

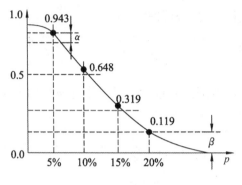

图 3-27　QC 曲线图

二、接收批与拒收批的判定

（一）确定判批准则

在制订抽验方案时，要确定判批不合格率的两个准则：接收上界 P_0 与拒收下界 P_1，其中 $P_1 > P_0 (0 < P_0 < P_1 < 1)$，即

如果 $P \leqslant P_0$，即产品质量比接收上界 P_0 好，则判为合格批；

如果 $P \geqslant P_1$，即产品质量比拒收下界 P_1 差，则判为不合格批。

例 3-18　某产品有 5 000 件，规定产品接收上界 $P_0 = 2\%$，拒收下界 $P_1 = 4\%$。如果它的不合格率 $P \leqslant 1\%$，则应判为合格批；如果不合格率 $P \geqslant 5\%$，则应判为不合格批。

（二）关于产品检验中出现的两种错误

（1）弃真错误：把合格批误判为不合格批的错误称为弃真错误，犯这类错误的概率称为弃真概率，记作 α；

（2）存伪错误：把不合格批误判为合格批的错误称为存伪错误，犯这类错误的概率称为存伪概率，记作 β。

表 3-12 表述了四种具体判定的情况。

表 3-12　四种具体判定情况

序号	产品批的情况	判定	评价
1	合格批 $P \leqslant P_0$	合格批	正确
2	合格批 $P \leqslant P_0$	不合格批	为弃真错误
3	不合格批 $P \geqslant P_1$	合格批	为存伪错误
4	不合格批 $P \geqslant P_1$	不合格批	正确

（三）产品抽样检验方案的使用方法

产品检验方案是由产品批量 N、抽样数 n、判定合格批数 C、生产方风险 α、使用方风险 β 五个量来决定的。在实际产品检验中可直接采用 GB 2828.1 标准给出的检验类别，选择不同的抽样检验方案，如表 3-13（a）、表 3-13（b）、表 3-13（c）所示：

表 3-13（a）　　不合格品与 AQL 参考值

项目	检验类别	不合格种类	AQL 值
一般工厂	进货检验	A，B 类不合格	0.65，1.5，2.5
		C 类不合格	4.0，6.5
	成品检验	A 类不合格	1.5，2.5
		B，C 类不合格	4.0，6.5

表 3-13（b）　　质量特性与 AQL 参考值

质量特性	电气特性	机械性能	外观质量
AQL 值	0.4~0.65	1.0~1.5	2.5~4.0

表 3-13（c）　　不同产品使用要求与 AQL 参考值

使用要求	特高	高	中	低
AQL	≤0.1	≤0.65	≤2.5	≥4.0
适用范围	卫星导弹、宇宙飞船	飞机、舰艇、重要工业品	一般工业品、一般军用品	一般民用品、农业产品

一次正常抽样检验方案流程如图 3-28 所示。

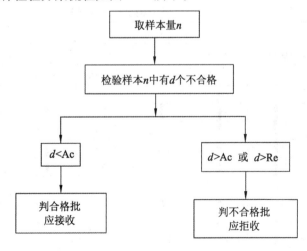

图 3-28　抽样检验方案流程图

（1）抽样检验方法。根据产品批量数查样本字码，按字码查样本量大小和 AQL 值确定合格质量水平，正常检查一次抽样表，确定判据（Ac 合格判定数和 Re 不合格判定数）。

（2）一次正常抽样检验案例。

例 3-19 一批变压器交收试验 $N = 100$ 件，采用 GB 2828.1 标准进行验收，规定一般检查水平Ⅱ级，A 类不合格 AQL = 0.65，B 类不合格 AQL = 2.5，查抽样表字码为 F，对应 A 类子样为 20，判据为 $\{0,1\}$，B 类判据为 $\{1,2\}$，如表 3-14(a) 和表 3-14(b) 所示。

表 3-14 （a）　　GB 2828.1 标准抽样方案样本字码表

批量范围	特殊检查水平				一般检查水平		
	S1	S2	S3	S4	Ⅰ	Ⅱ	Ⅲ
1~8	A	A	A	A	A	B	C
9~15	A	A	A	A	A	B	C
16~25	A	A	B	B	B	C	D
26~50	A	B	B	C	C	D	E
51~90	B	B	C	C	C	E	F
91~150	B	B	C	D	D	F	G
151~280	B	C	D	E	E	G	H
281~500	B	C	D	E	F	H	J
501~1 200	C	C	E	F	G	J	K
1 201~3 200	C	D	E	G	H	K	L

表 3-14 （b）　　正常检查一次抽样表

样本字码	样本大小	合格质量水平（AQL）							
		0.25	0.40	0.65	1.0	1.5	2.5	4.0	6.5
		Ac　Re	Ac　Re	Ac　Re	Ac　Re	Ac　Re	Ac　Re	Ac　Re	Ac　Re
A	2	↓	↓	↓	↓	↓	↓	↓	0　1
B	3	↓	↓	↓	↓	↓	↓	0　1	↑
C	5	↓	↓	↓	↓	↓	0　1	↑	↓
D	8	↓	↓	↓	↓	0　1	↑	↓	1　2
E	13	↓	↓	↓	0　1	↑	↓	1　2	2　3
F	20	↓	↓	0　1	↑	↓	1　2	2　3	3　4
G	32	↓	0　1	↑	↓	1　2	2　3	3　4	5　6
H	50	0　1	↑	↓	1　2	2　3	3　4	5　6	7　8
J	80	↑	↓	1　2	2　3	3　4	5　6	7　8	10　11
K	125	↓	1　2	2　3	3　4	5　6	7　8	10　11	14　15

（3）在 GB 2828.1 标准中，规定了计数抽样检验方案的转移规则。若采用一次正常检验连续 10 批合格，每批得 3 分，3 分×10 批＝30 分，即可正常检验。若 5 批中有 2 批不合格，则转移到加严检验，加严检验连续 5 批抽样中还有不合格时，应停止检验，在改进质量后，恢复到加严检验。若连续 5 批检验均为合格，则返回到一次正常检验。如图 3-29 所示。

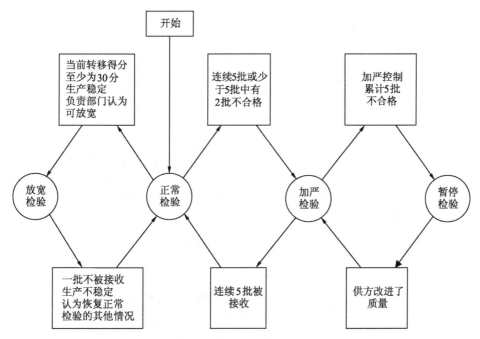

图 3-29 抽样检验方案的转移规则

三、产品检验流程

1. 产品检验流程

一般医疗器械产品的检验流程如图 3-30 所示：

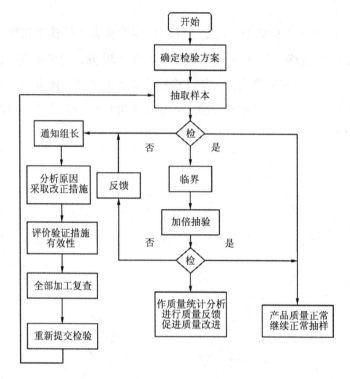

图 3-30　产品检验流程图

2. 产品一次交验合格率

$$产品一次交验合格率\ F = \frac{产品一次交验合格数}{产品一次交验总台数} \times 100\%$$

例 3-20　生产某医疗器械产品 100 台，第一次交验合格 95 台，则产品一次交验合格率 $F = \frac{95}{100} \times 100\% = 95\%$。

3. 产品开箱质量指数

$$产品开箱质量指数\ Qz = \left(1 - \frac{\sum A + 0.5 \sum B + 0.1 \sum C}{N} \right) \times 100\%$$

例 3-21　某医疗器械公司开箱检查 30 台产品，发现 A 类不良 0 台，B 类不良 1 台，C 类不良 3 台，则产品开箱质量指数为

$$Qz = \left(1 - \frac{0 + 0.5 + 0.3}{30} \right) \times 100\% \approx 97.3\%$$

4. 产品批次交验合格率和产品开箱合格率计算公式

$$产品批次交验合格率\ F_p = \frac{产品检验合格批次数}{产品检验总批次数} \times 100\%$$

$$产品开箱合格率\ F_k = \frac{产品开箱合格台数}{产品开箱总台数} \times 100\%$$

5. 产品质量加权平均指数

$$产品质量加权平均指数\ Pz = \frac{\sum\limits_{i=1}^{n} Q_i \times X_i}{\sum\limits_{i=1}^{n} Q_i}$$

例 3-22　某公司生产的医疗器械产品品种、产量、成品率如表 3-15 所示，试计算产品质量加权平均指数。

表 3-15　产品品种、产量、成品率表

产品品种	A 产品	B 产品	C 产品
产品产量	1 000 台	2 000 台	3 000 台
成品率	95%	96%	94%

将以上数据代入公式计算得

$$Pz = \frac{(1\,000 \times 0.95) + (2\,000 \times 0.96) + (3\,000 \times 0.94)}{1\,000 + 2\,000 + 3\,000} \times 100\% \approx 94.83\%$$

四、日常抽样检验控制

1. 日常抽样检验流程

（1）医疗器械设备类产品日常抽样检验流程如图 3-31 所示。

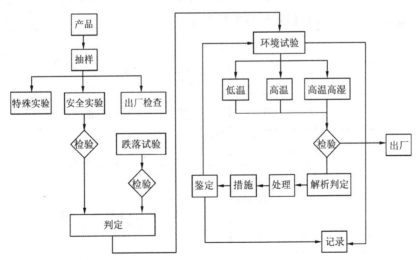

注：① 抽样为当日产量的 1%~2%；② 跌落试验抽测一台。

图 3-31　日常抽样检验流程图

（2）医疗器械设备类产品日常抽样检查内容如表3-16所示。

表 3-16　日常抽样检查内容

序号	检查内容	判定
1	每日抽当日产量的 1%~2%	—
2	跌落试验	取 $\frac{1}{2}$ 抽样数
3	开箱检验	全数检查
4	外观检查	标志清楚、产品无损伤
5	绝缘检查	接地保护、阻抗漏电流符合技术条件要求 耐介电电压 Ⅰ类 B 型，AC=1 500 V/50 Hz Ⅱ类 BF 型，AC=4 000 V/50 Hz 电源线：标识正确、无破损 截面积符合要求
6	开机性能	接通电源工作稳定
7	性能测试	符合技术条件要求
8	结构检查	符合技术条件要求
9	包装检查	清洁完整，无破损
10	最后检验	文件及附件符合要求

2. 整机产品质量的判定

（1）对医疗器械整机生产的质量判定可根据出现的严重不良品或轻微不良品的数量决定是否放行，其质量界限如图 3-32 所示。

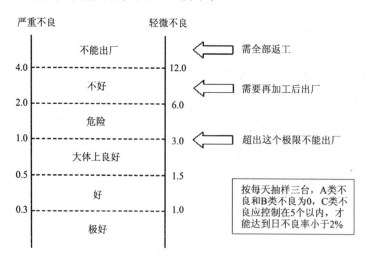

图 3-32　整机质量判定图

（2）对日常抽样检查过程中整机返工的判定，如表3-17所示。

表3-17 抽样检查过程中整机返工的判定

序号	判定条件	处置规定
1	抽验中出现A类或B类不良2个以上时	整批退回，停止出厂
2	在制造过程中发现同一故障3个以上时	整批退回，停止出厂
3	抽验中出现A类或B类不良1个以上时，在生产线上同批次内抽查30~50台再检验，仍发现A类或B类不良1个以上，C类不良大于4个时	整批退回，停止出厂

日不良率要求 $Q_P \leqslant 2\%$，月不良率要求 $Q_P \leqslant 1.5\%$。

Q_P计算方法：

$$Q_P = \frac{\sum A + 0.4 \sum B + 0.1 \sum C}{N} \times 100\%$$

3. 质量等级品率管理

医疗器械产品必须满足法规的要求，质量检验合格后方可出厂。在对产品的质量控制过程中，企业可根据情况制定产品质量内部考核方法，以推动质量管理体系的有效运行。现介绍以下几种考核方法：

（1）产品质量等级品率法：见表3-18。

表3-18 产品质量等级品率分级

等级品	优级	良级	合格级	不合格
系数	1.5	1.2	1.0	0.5~0.9

$$产品质量等级品率 = \frac{\sum (产品等级系数 \times 该等级产品数量)}{各等级品产品之和}$$

例3-23 某公司生产医用无油空压机泵200台，其中100台为优级品，50台为良级品，50台为合格品，求产品的等级品率。

解 将以上数据代入公式计算得

$$等级品率 = \frac{\sum (产品等级系数 \times 该等级产品数量)}{各等级品产品之和}$$

$$= \frac{100 \times 1.5 + 50 \times 1.2 + 50 \times 1.0}{200} = 1.3$$

（2）综合考核法：在等级品率考核的基础上，把安全生产也列入考核范围，称为 PS 综合考核法。

计算公式： $$F = QPS$$

式中：Q 是质量系数，P 是产品数量，S 是安全系数，等级品系数同前。常用的安全系数如表 3-19 所示。

表 3-19　综合考核法分级

事故类别	分级系数	说　明
未出现安全事故	1	安全事故＝0
有险兆事故	0.7～0.9	电源线露铜，上口电线闸盒悬空，设备地线虚接，设备旁很乱，易绊倒人或人易滑倒
发生危害事故	0.5～0.7	设备损坏，电机烧毁，员工受轻伤

例 3-24　某公司生产监护仪 1 000 台，其中 600 台为优级，200 台为良级，195 台为合格级，有 5 台二次返工后合格。生产现场设备地线虚接，地面油污，人易滑倒，有险兆事故。

$$Q = \frac{600 \times 1.5 + 200 \times 1.2 + 195 \times 1.0 + 5 \times 0.8}{1\ 000} = 1.339。$$

取 $S = 0.9$，故 $QS = 1.339 \times 0.9 = 1.205\ 1$。

若该班组平均工资为 2 000 元，则 $F = 2\ 000 \times 1.205\ 1 = 2\ 410.2$（元）。

若该班组加强了安全管理，则 $F_z = 2\ 000 \times 1.339 = 2\ 678$（元）。

4. 产品质量预测

（1）在质量管理工作中，经常要用到小概率原理来预测质量状况，其预测方法是将已知的质量数据求均值后查正态分位数表，计算标准偏差，正态分布双侧分位数表见表 3-20，数据分布图如图 3-33 所示。

表 3-20　正态分布双侧分位数表

置信度 α	0.8	0.6	0.4	0.2	0.1	0.05	0.02	0.01
置信区间 u_α	0.253	0.524	0.842	1.582	1.645	1.96	2.326	2.576 5

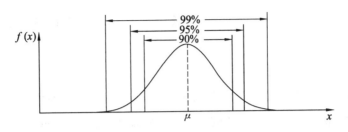

图 3-33 小概率数据分布图

从以上数据和图形中可以看出，统计数据大部分落在正态分布区间，只有 1% ~ 5% 落在区间外，称为小概率事件。

例如，若 $\alpha = 1\%$，则 x 值有 99% 的概率落在 $\left[x - 2.576\sigma,\ x + 2.576\sigma \right]$ 范围内。

（2）产品不良率预测。

例 3-25 某公司今年 1—6 月份产品平均不良率分别为 4%，3.7%，4.5%，3.3%，4.2%，4.3%，产品批量为 200 件，每月平均检验 20 批。若生产条件不变，给定 $\alpha = 0.05$，请预测今年下半年的月平均不良率。

解 已知 $\alpha = 0.05$，查表得 $u_\alpha = 1.96$，$1 - \alpha = 1 - 0.05 = 0.95 = 95\%$。

$$\bar{P} = \frac{P_1 + P_2 + \cdots + P_n}{n} = \frac{4\% + 3.7\% + \cdots + 4.3\%}{6} = 4\%$$

$$S_P = \sqrt{\frac{\bar{P}(1 - \bar{P})}{N}}$$

$$\frac{P_\mathrm{U}}{P_\mathrm{L}} = \bar{P} \pm u_\alpha \times S_P = 0.04 \pm 1.96 \times \sqrt{\frac{0.04 \times (1 - 0.04)}{200 \times 20}}，\text{为 } 3.4\% \sim 4.6\%。$$

即月平均不良率在 3.4% ~ 4.6% 范围内波动。

检查是否满足二项分布：满足条件为 $P < 0.5$，$NP \geqslant 5$。

由 $P = 4\% = 0.04$ 满足 $P < 0.5$，且 $NP = 200 \times 0.04 = 8 \geqslant 5$，故小概率条件成立。

查表知 $u_\alpha = 1.96$，绘制控制图，如图 3-34 所示。

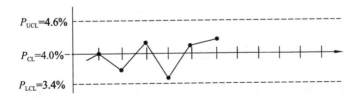

图 3-34 质量预测控制图

预测置信度为 95%，下半年月平均不良率在 3.4%～4.6% 范围内波动，表明产品质量在受控范围内。

5. 零部件、元器件质量评价

随着市场对产品质量要求的不断提高，我们对零部件、元器件的质量要求已不能仅用不良率来评价了，我们更关注的是产品过程能力指数（Cp 或 Cpk）。因此，生产企业对供应商的质量评价不仅是对产品合格率的要求，而且是用过程能力指数、工艺成品率和不合格率三个指标来评价产品质量，从而促进供应商零部件、元器件供应水平的提高，为整机产品质量奠定良好的基础。

过程能力指数、工艺成品率和不合格率的关系如表 3-21 所示。

表 3-21 过程能力指数、工艺成品率和不合格率的关系

过程能力指数（Cp 或 Cpk）	工艺成品率（η）/%	不合格率（ppm）
0.50	86.6	133 614
0.67	95.45	45 500
1.00	99.73	2 700
1.33	99.993 66	63.4
1.50	99.999 32	6.8
1.67	99.999 942	0.58
2.00	99.999 999 803	0.001 97

第三节　统计技术在技术研发部门中的应用

技术研发部门负责企业新品的设计开发和老产品的改进，在设计开发过程中应用统计技术进行分析评价，是保证设计开发质量的重要手段。设计开发过程中的统计涉及指数分布的应用、流程图、产品可靠性，以及直方图等。

一、医疗器械新产品设计开发过程

ISO 13485 标准要求医疗器械新产品的设计开发过程应建立形成文件的控制程序，包括设计开发的策划、设计开发的输入、设计开发的输出、设计开发的评审、设计开发的验证、设计开发的确认以及设计开发的更改等。

（一）新产品设计开发的策划

新产品设计开发的策划分战略策划和战术策划：战略策划包括市场需求调查、规划近几年内产品开发方向、产品定位、方案构思、方案评审、风险管理等；战术策划包括具体的设计任务分工、技术设计、技术评审、样机制造、样机评审、设计验证、设计确认等。医疗器械新产品设计开发策划流程如图 3-35 所示。

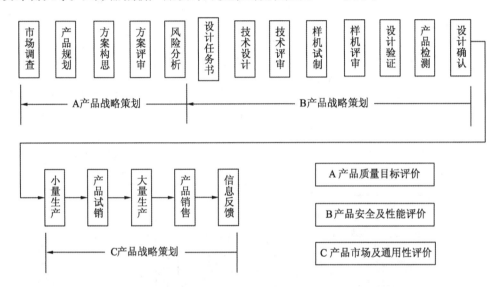

图 3-35　新产品设计开发策划流程图

1. 设计开发策划的内容

设定目标：确认开发什么类别的产品，明确预期用途和接收准则；

市场调研：了解技术发展前沿、历史资料、市场需求、经济效益，形成调研报告和方案；

法律法规：了解与产品有关的法律法规要求；

供方选择：选择合适的原材料供应商和外包方；

研发计划：制订研发计划，设定研发阶段和最终完成的时间；

组成项目开发组：确定相关资源、设备、仪器、软件、人员等；

策划评审：明确对每一任务阶段进行评审的要求；

风险评估：对设计开发的新产品进行初始风险评估。

2. 设计开发策划的评审

设计开发策划阶段应针对上述内容进行评审，包括设计方案评审、产品风险评审、设计输入评审、设计输出评审、设计样机评审、设计验证评审、设计确认评审、设计转换评审、生产工艺评审等。通过评审论证产品方案的可行性、材料的可获得性、生产的工艺性，保存评审记录。

（二）医疗器械新产品设计开发流程

医疗器械新产品设计开发流程可分为三个阶段：第一阶段为产品方案论证阶段；第二阶段为产品技术设计阶段；第三阶段为小量生产阶段。其流程如图3-36所示。

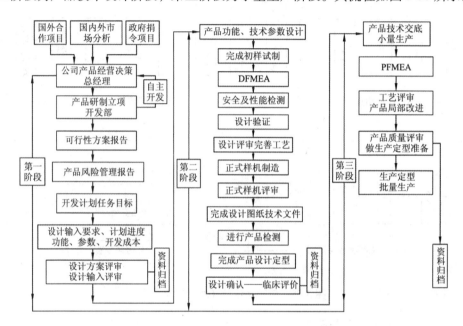

图 3-36　医疗器械新产品设计开发流程图

（三）设计开发的输入

（1）设计开发的输入应以设计任务书的形式形成文件，其内容包括：

① 根据预期用途，规定产品的功能、性能和安全要求；

② 适用的法律法规要求，如健康、环境、安全等方面的要求；

③ 适用时，以往类似设计提供的信息；

④ 设计开发所必需的其他要求，如安装、储存、运输、服务等；

⑤ 风险管理的输出，包括采取的风险管理措施或降低风险的方法。

应对设计开发输入的充分性与适宜性进行评审，输入应完整清楚，不能自相矛盾。

（2）确保设计转换过程顺利进行。

在设计开发输入阶段应考虑到产品的安全性、可靠性、可制造性，部件和材料的可获得性，生产设备的配备，操作人员的培训等，以保证设计转换过程能顺利进行。

（四）设计开发的输出

（1）设计开发的输出是设计开发过程的结果。设计开发的输出必须满足输入的要求，为采购、生产、安装、检验和试验、服务提供信息和依据。

（2）设计开发输出的文件应包括：

① 采购信息，如原材料、组件和部件技术要求；生产和服务所需的信息，如产品图纸、工艺文件、作业指导书、环境要求等。

② 产品接收准则、产品技术标准、检验和试验程序。

③ 规定产品的安全和正常使用所必需的产品特性，如产品使用说明书、包装、标签、标识和可追溯性要求。

④ 供应商的质量体系状况。

⑤ 提交给行政监管部门的产品注册文件等。

（五）设计开发的评审

设计开发的评审是为了确保设计开发结果的适宜性、充分性、有效性达到规定目标所进行的系统的活动。设计开发评审应：

（1）评价设计开发的结果是否满足顾客要求和法律法规要求，包括对样机的审查，如产品外形结构、工艺可行性、安全性、可靠性、材料的可获得性、质量特性可检测性、可维修性，以及产品包装、标识和使用说明书等；

（2）对各阶段发现的问题提出相应的解决方案，保存设计开发评审结果记录和相关措施记录。

（六）设计开发的验证

设计开发验证的目的是确保设计开发输出满足设计开发输入的要求，验证方法包括：

（1）试验或检测，如对产品进行试验、检测、分析，以证实产品满足输入的要求；

（2）变换方法计算，如用不同方法进行计算，以证实达到规定的要求；

（3）同类产品对比，如与已经证实的设计进行比较；

（4）设计文件审查，如对技术规范、图纸、设计报告、计算书等文件进行评审。

（七）设计开发的确认

设计开发的确认旨在确保医疗器械满足使用要求和预期用途。作为设计开发确认的一部分，国家或地区法规要求进行临床评价。临床评价包括下列内容：

（1）收集与所设计开发的医疗器械相关的科学文献并进行分析评价；

（2）能证明类似设计和/或材料是安全的历史证据；

（3）采取实际试用或模拟实验的方法进行临床评价。

（八）设计开发的更改

设计开发的更改范围包括已完成的设计产品及设计开发过程中的阶段输出。

（1）识别设计开发的更改的重要性：根据具体情况识别是否需要对更改进行适当的评审、验证和确认，更改应在实施前得到批准；

（2）评价更改对产品组成部分的影响和已交付产品的影响，如硬件更改后，已上市的产品软件是否支持；

（3）考虑更改是否超出了产品注册的范围；

（4）应保存更改评审结果及任何必要措施的记录。

（九）设计开发技术报告

医疗器械新产品设计开发应形成技术报告，其内容如表 3-22 所示。企业可根据情况和产品复杂程度适当增减。

表 3-22　产品设计开发技术报告内容

报告名称	内　　容
1. 产品可行性分析报告	描述产品方案特点、可行性理由
2. 产品风险管理报告	按 YY/T 0316 拟制风险分析报告
3. 产品安全设计报告	防触电、防着火、防过热、防爆炸、防射线伤害、防机械危险的伤害、防危险输出的伤害
4. 产品可靠性设计报告	电路降额设计、热设计、冗余设计、防漂移设计、电磁兼容设计、新器件和关键件试验、强度和稳定性设计
5. 产品维修性设计报告	维修性设计及人体工效学
6. 产品软件设计报告	软件设计文档、软件测试、用户使用说明书、维护手册
7. 产品工艺分析报告	机械结构强度设计、工艺造型设计、产品可制造性、工序过程能力指数
8. 产品质量自测报告	性能测试分析、验证、确认结果
9. 产品质量检测报告	第三方检测机构出具的产品测试报告
10. 产品标准化报告	元器件标准化，整件、部件、零件标准化，标准化率
11. 产品评审报告	不同阶段评审结果及附件
12. 产品物料采购报告	物料来源、供方调查评价、质量认定、供货稳定性

续表

报告名称	内　容
13. 产品成本分析报告	设计成本、材料费用、生产和销售费用综合分析
14. 临床确认报告	提供临床试用情况及适用性结论
15. 产品专利技术报告	产品发明专利、结构外形专利
16. 产品销售信息报告	市场分析、市场预测、预期利润

二、设计开发与数据分析

1. 指数分布在设计开发中的应用

（1）指数分布的表达式：

$$Y = e^x \text{ 或 } Y = e^{-x} \tag{3-30}$$

指数分布数据如表 3-23 所示。

表 3-23　指数分布数据表

x	$Y = e^x$	$Y = e^{-x}$
1	2.718	0.368
2	7.388	0.135
3	20.086	0.050
4	54.598	0.018
5	148.413	0.007

（2）指数分布特征图形。

由表 3-23 绘制出指数分布特征图形，如图 3-37 所示。

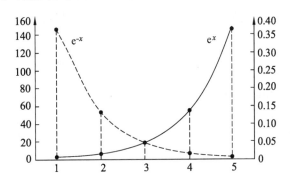

图 3-37　指数分布特征图

2. 可靠性设计中常用的指数分布

（1）在可靠性设计中会经常用到指数分布，如公式（3-31）所示。

描述可靠性：
$$R(t) = e^{-\lambda t} \tag{3-31}$$

描述不可靠性：
$$F(t) = 1 - e^{-\lambda t} \tag{3-32}$$

式中：t 为工作时间，λ 为单位时间或每个单元的失效率。

（2）医用电子产品可靠性特性分布是指数型分布。例如，已生产完成的产品还没有出厂，其产品的可靠工作时间可看作是 $t=0$，则此时产品可靠性为 $R(0)=1$；当产品工作时间 $t \to \infty$ 时，则产品可靠性为 $R(\infty)=0$。某产品可靠性与时间的函数如图 3-38 所示。

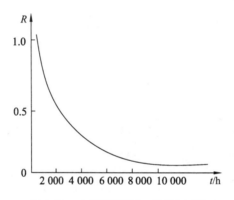

图 3-38 产品可靠性与时间的函数

（3）医用电子产品的失效规律服从指数分布，医用电子产品的失效原因通常有以下几种情况：

① 初期故障多为元器件、材料和设计不足造成的早期失效；

② 产品使用一段时间后电路板受到物理、化学、热应力的综合作用可能出现故障；

③ 产品接近寿命期，故障会不断出现，称为磨耗失效。

电子产品失效分布曲线如图 3-39 所示。

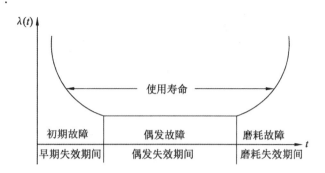

图 3-39　电子产品失效分布曲线

三、产品可靠性设计

1. 产品的可靠性

（1）产品可靠性定义：产品在规定条件下和规定时间内完成规定功能的能力。

（2）产品可靠性的几个重要用语：

① MTBF（Mean Time between Failures）：平均无故障工作时间；

② MTTF（Mean Time to Failures）：从使用开始到失效前的平均工作时间（失效后不可修复的故障）；

③ MTTR（Mean Time to Repair）：平均修复故障的时间。

2. 产品设计中应考虑的可靠性设计内容

（1）降额设计：电压降额、功率降额、减小电应力；

（2）热设计：散热、导热、隔热、减小热应力；

（3）机械力设计：抗冲击、跌落、振动等机械力设计；

（4）裕度设计：防漂移设计，产品应能适应一定的工作环境条件；

（5）冗余设计：并联冗余，贮备设计；

（6）维修性设计：产品便于维修、保养；

（7）电磁兼容设计：抑制无用辐射的能力；

（8）四防设计：防潮湿、防盐雾、防腐蚀、防霉变；

（9）安全性设计：防触电、防着火、防过热、防爆炸、防射线伤害、防机械危险的伤害、防危险输出的伤害；

（10）使用性设计：满足人体功效学的人性化、智能化的设计。

3. 医用设备产品可靠性设计流程

医用设备类新产品的安全性、可靠性设计流程如图 3-40 所示。

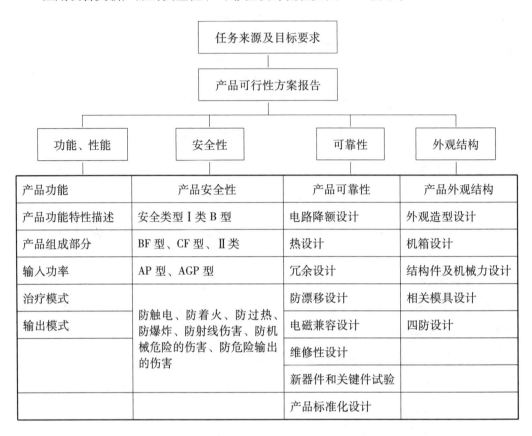

图 3-40　产品安全性、可靠性设计流程

4. 产品可靠度的计算

医疗器械新产品可靠度的系统性计算可分为串联模式、并联模式和串并联模式。

（1）串联系统可靠度和平均无故障工作时间的计算。

串联系统结构如图 3-41 所示。

图 3-41　串联系统结构图

运用下述公式计算串联系统整机可靠度和平均无故障工作时间。

系统可靠度为

$$R_s = R_1 \times R_2 \times \cdots \times R_m = \prod_{i=1}^{m} R_i \tag{3-33}$$

因为 $R(t) = \mathrm{e}^{-\lambda t}$，所以

$$R_s = \mathrm{e}^{-\lambda_1 t} \cdot \mathrm{e}^{-\lambda_2 t} \cdot \cdots \cdot \mathrm{e}^{-\lambda_m t} = \mathrm{e}^{-(\lambda_1 + \lambda_2 + \cdots + \lambda_m)t}$$

系统的失效率为

$$\lambda_s = \lambda_1 + \lambda_2 + \cdots + \lambda_m = \sum_{i=1}^{m} \lambda_i \tag{3-34}$$

系统的平均无故障工作时间为

$$\mathrm{MTBF}_s = \frac{1}{\lambda_s} \tag{3-35}$$

例 3-26 某医用电子设备由电源部分、取样部分、A-D 变换、放大器、D-A 变换和输出级等六单元组成，如图 3-42 所示。各单元可靠度 $R_i = 0.99$，每个单元的失效率 $\lambda_i = 0.0001$，求该设备的总可靠度和平均无故障工作时间。

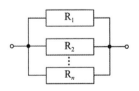

图 3-42　系统单元结构图

解　系统可靠度

$$R_s = \prod_{i=1}^{6} R_i = 0.99^6 \approx 0.9415$$

系统平均无故障工作时间

$$\mathrm{MTBF}_s = \frac{1}{\lambda_s} = \frac{1}{\sum_{i=1}^{6} \lambda_i} = \frac{1}{0.0006} = 1666.7 \ (\mathrm{h})$$

（2）并联系统可靠度的计算。

并联系统（冗余系统）由各单元并联组成，其特点是只要有一个单元能正常工作，系统就能正常工作，只有当并联系统都失效了，整个系统才会全部失效，如图 3-43 所示。

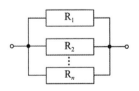

图 3-43　并联系统结构图

由 $R_s = 1 - F_s$，而

$$F_s = F_1 \cdot F_2 \cdot \cdots \cdot F_m = \prod_{i=1}^{m} F_i \qquad (3\text{-}36)$$

所以 $R_s = 1 - F_s = 1 - \prod_{i=1}^{m} F_i = 1 - \prod_{i=1}^{m} (1 - R_i) = 1 - F_i^m = 1 - (1 - R_i)^m$

$$(3\text{-}37)$$

若并联系统由两个单元组成，则

$$R_s = 1 - (1 - R_1)(1 - R_2) = (R_1 + R_2) - R_1 \cdot R_2$$

若并联各单元相同，如 $R_1 = R_2 = 0.9$，则总可靠度为

$$R_s = (0.9 + 0.9) - 0.9 \times 0.9 = 0.99$$

（3）串并联模式可靠度的计算。

若系统中有串联单元，还有并联单元，则这种系统称为串并联模式，其计算方法同上。

例 3-27 某公司医疗电子设备由串并联单元组成，如图 3-44 所示，其 MTBF 值均为 60 000 h，求设备工作 1 000 h 的可靠度。

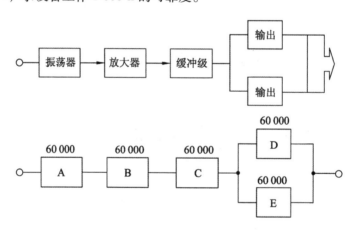

图 3-44　可靠性结构图

解　先求串联单元的失效率：

$$\lambda = \frac{1 + 1 + 1}{\text{MTBF}} = \frac{3}{60\,000} = 0.000\,05$$

再求串联单元的可靠度：

$$R = e^{-\lambda t} = e^{-0.000\,05 \times 1\,000} \approx 0.95$$

计算总可靠度：$R_s = R[(R_D + R_E) - R_D \times R_E] \approx 0.95 \times 1.016\,8 \approx 0.965\,9$

（4）冗余技术。

冗余技术是在一个系统中有贮备单元，当第一个单元发生故障时，可自动转换到另一个单元，系统仍能保持正常工作。采用冗余技术可提高系统的可靠度。

并联冗余系统的可靠度如下式表示：

$$R = e^{-\lambda t},$$

$$R = 1 - (1 - R_1) \times (1 - R_2) \tag{3-38}$$

（5）元器件的失效率。

在设计电子设备时，选用不同级别失效率的元器件，决定着设备的总失效率。元器件的失效率如表 3-24 所示。

表 3-24　元器件失效率表

级别	符号	失效率/h^{-1}
亚五级	Y	3×10^{-5}
五级	W	1×10^{-5}
六级	R	1×10^{-6}
七级	Q	1×10^{-7}
八级	B	1×10^{-8}
九级	J	1×10^{-9}
十级	S	1×10^{-10}

（6）可靠性预计。

医用设备可靠性预计需要掌握相关数据对元器件失效率进行计算，预测设备的总可靠度。可靠性预计的方法很多，如相似设备法、相似电路法、元器件计数统计法等，这里介绍元器件计数统计法。可靠度指数用下式表示：

$$\frac{1}{(1 + \alpha) \times k \times \sum n_i \lambda_i} \tag{3-39}$$

式中：α 是工艺系数，一般为 0.05～0.5；k 是安全裕度系数，一般为 1.0～2.5；n_i 是使用的元器件数；λ_i 是失效率。

例 3-28　某公司设计医用监视器，对于元器件的可靠性，有两个方案供选择，电路系统如方框图 3-45 所示，监视器电路元器件数量及预测值如表 3-25 所示，试计算 MTBF 值。

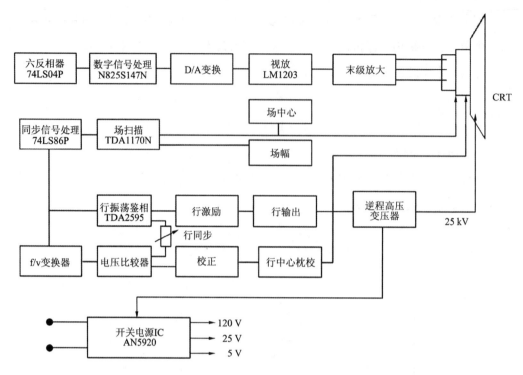

图 3-45　监视器电路方框图

表 3-25　监视器电路元器件数量及预测值表

元器件名称	使用数量（n）	A 方案 λ（$\times 10^{-6}$）	B 方案 λ（$\times 10^{-6}$）	$\sum n_i \lambda_i$（$\times 10^{-6}$） A 方案	B 方案
电阻 $R_T R_y R_s$	120	0.02	0.012	2.40	1.44
电容器 C $C_B C_T$	60	0.04	0.013	2.40	0.78
电感线圈 L	20	0.03	0.02	0.60	0.40
变压器 T_B	8	0.20	0.10	1.60	0.80
晶体管 NPN	30	1.00	0.80	30.00	24.00
二极管 D	22	0.30	0.10	6.60	2.20
集成电路 IC	5	0.52	0.20	2.60	1.00
开关 K	5	0.20	0.08	1.00	0.40
接插件 J	12	0.20	0.08	2.40	0.96
导线 W	20	0.02	0.02	0.40	0.40
焊点 H	900	0.02	0.01	18.00	9.00

续表

元器件名称	使用数量 (n)	A 方案 λ（$\times10^{-6}$）	B 方案 λ（$\times10^{-6}$）	$\sum n_i \lambda_i$（$\times10^{-6}$） A 方案	B 方案
结构件	30	0.01	0.01	0.3	0.30
显示管及其他	10			18.0	18.0
合计				86.3	59.68

按表 3-25 中所列数据分别计算 A，B 两个方案产品的 MTBF 值。

计算结果：由公式（3-39）（α 取 0.2，k 取 1.2）得

$$\text{MTBF（A 方案）} = \frac{1\,000\,000}{(1+0.2)\times1.2\times86.3} \approx 8\,047(\text{h})$$

$$\text{MTBF（B 方案）} = \frac{1\,000\,000}{(1+0.2)\times1.2\times59.68} \approx 11\,636(\text{h})$$

（7）产品可靠性的分配。

可靠性分配是将整机总的可靠性指标分配给分系统或各单元的过程，以保证整机系统可靠性指标的实现。可靠性分配有很多方法，这里介绍几种常用的方法。

① 平均分配法：这是一种简单的分配方法，它不考虑分系统的其他因素，只是把总可靠性指标平均分配给各单元。

$$R_s = \prod_{i=1}^{n} R_i, \quad R_i = \sqrt[n]{R_s} \tag{3-40}$$

例如，要求系统总可靠度为 0.99，求分系统三个串联单元的可靠度，如图 3-46 所示。

图 3-46　串联单元可靠性图

因 $R_s = 0.99$，分系统各单元的可靠度为 $R_1 = R_2 = R_3 = \sqrt[3]{0.99} \approx 0.9967$。

② 比例分配法：这种方法是考虑到各单元功能的重要性不同，按比例分配各单元可靠度。例如，上例中 $R_s = 0.99$，按 2：3：5 来分配，问当系统工作 10 h 时，其失效率如何？各分系统的可靠度是多少？

由于 $R(t) = e^{-\lambda t} \approx 1 - \lambda t = 0.99$，则

$$\lambda = \frac{1-0.99}{t} = \frac{0.01}{t} = \frac{0.01}{10\,\text{h}} = \frac{1}{10^3\,\text{h}}$$

分系统失效率则为 0.2+0.3+0.5＝1。当系统工作 10 h 时，

$$\lambda_{t_1} = \frac{0.2}{10^3 \text{ h}} = 0.000\ 2/\text{h}$$

$$\lambda_{t_2} = \frac{0.3}{10^3 \text{ h}} = 0.000\ 3/\text{h}$$

$$\lambda_{t_3} = \frac{0.5}{10^3 \text{ h}} = 0.000\ 5/\text{h}$$

分系统的可靠度：$R_1 = 0.998$，$R_2 = 0.997$，$R_3 = 0.995$。

总可靠度：$R_s = R_1 \times R_2 \times R_3 = 0.998 \times 0.997 \times 0.995 \approx 0.99$。

四、医用设备产品设计中的关注要点

1. 散热设计

电子设备运行试验证明：设备工作温度每升高 10 ℃，故障率明显上升；温度每降低 10 ℃，设备可靠性显著提高。因此，在产品设计中要注意元器件的使用温度不能过热，要尽量减小热应力。通常采用散热器散热、小风扇散热、水冷散热、隔热套隔热等方法来减小热应力。在低应力情况下，失效率较低；在高应力情况下，失效率较高。如图 3-47 所示。

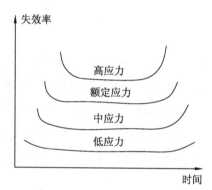

图 3-47 元器件失效与不同应力关系

2. 降额设计

产品设计中应注意降低对元器件的使用负荷，这样可以大大减小元器件的失效率。通常采用电压降额、电流降额、功率降额等方法来减小电应力。

在电路设计中有时将两个电阻并联使用，使电流分流，减少电阻中的电流负荷，以降低元器件的失效率。

3. 强度设计

（1）医疗设备产品的设计应满足强度要求，由于材料、部件强度随着时间的延长会下降，故设备、材料、部件的选用应有一定裕度，即 K 值，如图 3-48 所示，满足产品的抗冲击、跌落、振动等机械力的要求。

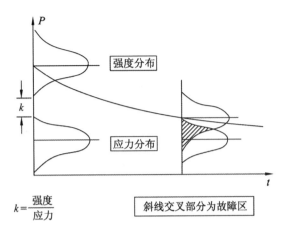

$$k=\frac{强度}{应力}$$

斜线交叉部分为故障区

图 3-48 材料强度与裕度系数

（2）产品的机械强度应能承受一定的机械力。如表 3-26 和图 3-49 所示的坠落试验，按设备质量确定坠落高度，坠落后不应出现安全方面的危险。

表 3-26 坠落试验表

设备质量 m/kg	坠落高度/m	坠落次数
$m \leqslant 10$	5	3
$10 < m \leqslant 50$	3	3
$m > 50$	1	3

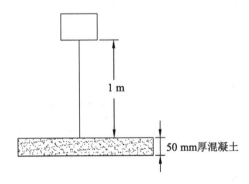

图 3-49 坠落试验图

（3）产品设计应具有一定的稳定性。在规定的搬运位置上，当产品倾斜 10° 时不得失去平衡，如图 3-50 所示。

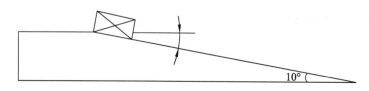

图 3-50 搬运平衡图

（4）产品设计应考虑坠落试验和振动试验的要求。在包装状态下进行一点、三棱、六面坠落试验或进行振动试验。振动试验参数如表 3-27 所示。

表 3-27 振动试验参数表

序号	频率/Hz	加速度	单振幅/mm	双振幅/mm	时间/min
1	20	$2g$	1.25	2.5	5（10）
2	30	$2g$	0.55	1.1	5（10）
3	40	g	0.15	0.3	5（10）
4	50	g	0.10	0.2	5（10）

4. 电磁兼容设计（EMC）

（1）电磁兼容（Electro Magnetic Compatibility，简称"EMC"）也称电磁干扰，它来自产生辐射的干扰源，并通过网电源和空间对设备产生干扰。电磁兼容是电磁干扰（Electro Magnetic Interference，简称"EMI"）和抗电磁干扰（Electro Magnetic Susceptibility，简称"EMS"）的能力，其表达式：

$$EMC = EMI + EMS$$

（2）产生电磁干扰的主要因素。

根据 YY 0505《医用电气设备电磁兼容要求和试验》标准规定，医用电气设备在产品设计研发过程中应采取措施满足电磁兼容的要求。产生电磁干扰的主要因素有以下三个方面：

① 电源中发生的干扰源；

② 传输中电磁干扰的通道；

③ 对电磁干扰敏感的接收器。

（3）抑制电磁干扰因素的措施。

① 清除或抑制电源干扰源，如在开关电源输入端加装双向滤波器，或在开关变压器中加装削波二极管，使用光耦器等；

② 减少传导中的辐射，如使用光纤、屏蔽电缆、屏蔽盒，以及充分的回路接地设计；

③ 提高接收器的抗干扰能力，如采用高 Q 值谐振电路、数字电路或 A/D 变换抑制干扰信号。

第四节　统计技术在采购部门中的应用

医疗器械企业的采购管理按照职能进行划分，可归纳为三类：保障供应、供应链及信息管理。数据统计技术在采购过程中的主要功能就是收集采购过程中的数据信息，并在此基础上对收集的数据信息进行归纳整理，随后进行统计分析，以此来保障采购管理工作的持续改进和完善。

一、采购管理数据系统的设计

采购管理是企业物资的重要入口，是物流的主要通道，目的是为了完成生产物资的采购，采购管理部门与生产部门、财务部门和仓库部门的业务联系是根据生产计划和物料需求计划制订采购计划，并形成财务需求计划提交财务部门，再发出采购订单（合同）。供应商按照需求来料，仓库部门根据订单收料，安排检验，合格后安排入库业务，入库单据提交财务，并根据发票形成应收款。

1. 采购管理业务数据流程图

采购管理系统的主要设计功能是依据物料需求计划（库存订货点需求），提前制订物料采购订单，采购订单来料后根据订单进行验收、收货，登记入库单，如图 3-51 所示。

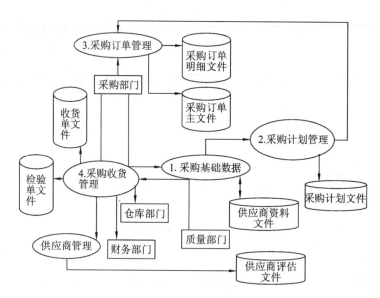

图 3-51   采购管理业务数据流程图

2. 采购管理业务数据流程图子图

（1）采购基础数据子图（图 3-52）。

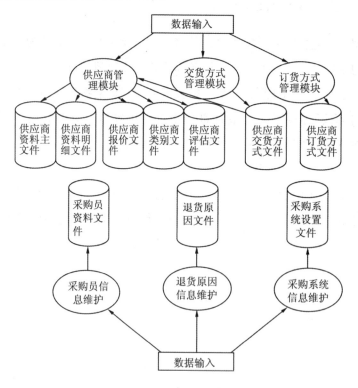

图 3-52   采购基础数据子图

如图 3-52 所示，采购基础数据输入包括供应商管理数据、交货方式数据、订货方式数据、退货数据以及采购系统文件等，在采购流程中对以上类型的数据都应进行充分的识别、分析与评价。

（2）采购计划管理数据子图。

采购计划生成流程如图 3-53 所示，各部门处理请购单后，采购部门生成采购计划。采购计划应包含物料需求计划、供应商资料、预算、采购计划明细等。

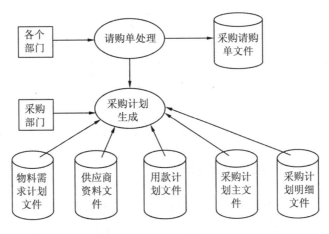

图 3-53　采购计划生成流程图

（3）采购订单管理数据子图。

如图 3-54 所示，采购订单管理流程包括采购订单制定（供货合同和品质保证书等）、订单审批、供应商送货、采购订单结算等。

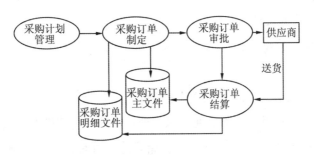

图 3-54　采购订单管理子图

（4）采购收货管理数据子图。

采购收货文件数据包括采购订单主文件、采购订单明细文件、采购收货单主文件、采购收货单明细文件、采购入库单主文件、采购入库单明细等。采购收货流程如

图 3-55 所示。

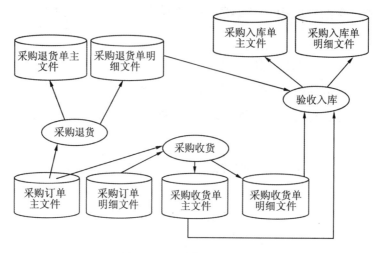

图 3-55 采购收货管理子图

二、采购过程常用统计分析技术

采购过程包括从采购计划下达、采购单生成、采购单执行、到货接收、检验入库、采购发票的收集到采购结算的全过程，通常在以下方面会进行数据的统计分析：

（1）Kraljic 采购定位模型；

（2）采购物资 ABC 分类分析法；

（3）原材料库存账龄分析；

（4）供应商管理。

（一）Kraljic 采购定位模型

Kraljic 采购定位模型从供应风险和采购价值两个维度对采购的物料和零件进行分类。

某个给定项目的采购价值能够通过采购数量、总成本百分比、对质量或企业发展的影响程度等来定义；供应风险可通过以下项目评价：可获得性、供应商数量、需求市场竞争程度、自制或外包备选方案、仓储风险、可替代程度。项目只有"高"和"低"两个可能值，结果是一个 2×2 矩阵以及四种采购物品的分类。

如图 3-56 所示，采购物资的分类可分为以下四种：关键项目（采购价值和供应风险都高）、瓶颈项目（采购价值低，供应风险高）、杠杆项目（采购价值高，供应风险低）、日常项目（采购价值和供应风险都低）。由于不同维度的四种采购项目的属性不同，根据这些属性可以得出处在每个维度的采购项目应该防范的风险和主要任务，如表 3-28 所示。

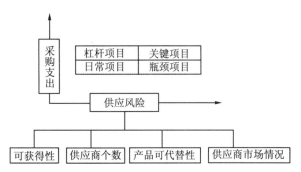

图 3-56 Kraljic 采购定位模型

表 3-28 采购项目防范风险表

采购项目	应防范的风险	主要任务
关键项目	• 被锁定的风险 • 金融风险 • 过分依赖的风险	• 详尽的市场调研 • 准确的市场预测 • 开发长期供应关系 • 自制或外包决策 • 风险分析 • 合同组合 • 应急规划 • 采购、库存、买家控制
瓶颈项目	• 供应危机 • 被供应商要挟的危险	• 保证数量（如果可能，成本最优） • 卖家控制 • 库存安全 • 备选方案
杠杆项目	• 风险较小，处于矩阵的最优位置	• 利用采购优势 • 供应商选择 • 产品替代 • 目标定价/议价 • 合同购买与现货购买组合 • 订单数量优化
日常项目	• 风险小，较少精力投入，关键在于有效处理	• 产品标准化 • 采购数量监控/优化 • 有效处理 • 库存优化

例 3-29 一家生产牙科空压机的公司，产品包括牙科电动抽吸机、牙科电动抽吸

系统、牙科电动空压机、牙科电动无油空压机、医用风冷无油空气压缩机等，该公司采购物资项目包括电机、机头、电柜、外罩、底座、TANK、冷却器、空滤器、标准件等。表 3-29 所示为该公司 2019 年的年采购支出排序。

表 3-29　2019 年度采购支出排序

采购项目	金额支出/元	占采购总额比例/%	采购项目对企业的重要性
年采购总额	28 951 336.00	100.00	
冷却器	12 176 101.00	42.06	重要
电机	4 225 500.00	14.60	重要
机头	3 386 034.00	11.70	十分重要
电柜	3 155 040.00	10.90	重要
外罩	2 557 836.00	8.83	一般
底座	1 439 487.00	4.97	重要
TANK	1 318 356.00	4.55	重要
空滤器	622 557.00	2.15	重要
标准件	70 425.00	0.24	一般

根据对表 3-29 中采购支出的分析以及采购项目对企业的重要性，结合表 3-30 所列供应商风险评价等多方面的因素，可以统计出该公司采购的关键项目为机头，瓶颈项目为空滤器、冷却器、TANK，杠杆项目为电柜、电机、外罩，日常项目为标准件、底座。Kraljic 采购定位分类结果如图 3-57 所示。

表 3-30　Kraljic 采购分析因素

采购项目	Kraljic 分析
机头	• 重要，质量要求高，整机的心脏 • 供应风险大，由于生产标准要求，由美国的唯一供应商供货，今后无可替代 • 进口，运输周期长，海运 3 个月
冷却器、空滤器、TANK	• 品种多，用量少，标准复杂导致供货方少 • 报关手续复杂 • 易损坏，物流成本高

续表

采购项目	Kraljic 分析
电机、电柜、外罩	• 技术简单，供应风险小 • 供应商超过两家，有后备方案 • 需求量大，有议价实力
标准件、底座	• 标准化强，易于找到供应商 • 日常需求量大，库存成本低

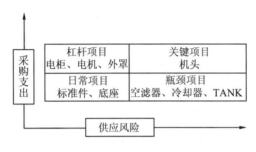

图 3-57 Kraljic 采购定位分类结果

目前该公司机头的采购处于关键项目的象限中，但它是一个被锁住的关键项目，原因是机头是由美国供货的，国内没有生产厂家达到该公司的标准。这样美国方面的供应商处于垄断地位，大大增加了机头的供应风险，因此公司处境被动。如果能够改变标准，改为国内渠道供货，或者说服一些愿意合作的外国供应商为其在中国投资建立分厂直接送货，这样可以减少提前期。

对于杠杆项目电柜、电机、外罩的采购，该公司有很大的采购优势，在质量问题、交货期方面与供应商谈判有更多的筹码，可以利用这个优势，在供应市场获得更高的质量和更优惠的价格。

对于日常项目标准件、底座的采购，可以与供应商签订长期合同，保证连续送货。

对于瓶颈项目空滤器、冷却器、TANK 的采购，标准复杂是导致供应风险大的原因，可以通过降低标准的复杂性来降低供应风险。

（二）ABC 分类分析法

1. ABC 分类分析法简介

ABC 分类分析法又称帕累托分析法、巴雷托分析法、柏拉图分析法、主次因素分析法、ABC 法则、分类管理法、重点管理法、ABC 管理法、巴雷特分析法，它是根据事物在技术或经济方面的主要特征对事物进行分类排队，分清重点和一般，从而有区别地确定管理方式的一种分析方法。由于它把被分析的对象分成 A，B，C 三类，所以又称为 ABC 分类法。

ABC 分类法是由意大利经济学家维尔弗雷多·帕累托首创的。1879 年，帕累托在研究个人收入的分布状态时，发现少数人的收入占全部人收入的大部分，而多数人的收入却只占全部人收入的一小部分，他将这一关系用图表示出来，就是著名的帕累托图。该分析法的核心思想是将决定一个事物的众多因素分清主次，识别出少数的但对事物起决定作用的关键因素和多数的但对事物影响较小的次要因素。后来，帕累托法被应用于管理的各个方面。

ABC 法则是由帕累托 80/20 法则衍生出来的一种法则。所不同的是，80/20 法则强调的是抓住关键，ABC 法则强调的是分清主次，并将管理对象划分为 A，B，C 三类。

1951 年，管理学家戴克首先将 ABC 法则用于库存管理。1951 年至 1956 年，朱兰将 ABC 法则运用于质量管理，并创造性地形成了另一种管理方法——排列图法。1963 年，德鲁克将这一方法推广到更为广泛的领域。采购过程中 ABC 分类法的应用如图 3-58 和表 3-31 所示。

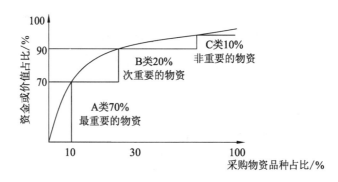

图 3-58　采购中 ABC 分类法的应用

表 3-31　采购中 ABC 分类法的应用

物资类别	A 类物资	B 类物资	C 类物资
品种数占总品种数的比例	约 10%	约 20%	约 70%
价值占存货总价值的比例	约 70%	约 20%	约 10%

2. ABC 分类分析法的步骤

（1）收集数据。

按分析对象和分析内容收集有关数据。例如，如果分析产品成本，则应收集产品成本因素、产品成本构成等方面的数据；如果分析针对某一系统，则应收集系统中各局部功能、各局部成本等数据。

（2）处理数据。

对收集得到的数据资料进行整理，按要求计算和汇总。

（3）绘制 ABC 分析表。

ABC 分析表栏目构成如下：第一栏为物品名称；第二栏为品目数累计，每一种物品皆为一个品目数，品目数累计实际就是序号；第三栏为品目数累计百分数，即累计品目数占总品目数的百分比；第四栏物品为物品单价；第五栏为平均库存；第六栏是第四栏物品单价乘以第五栏平均库存，为各种物品平均资金占用额；第七栏为平均资金占用额累计；第八栏为平均资金占用额累计百分数；第九栏为分类结果。

制表按下述步骤进行：将已算出的平均资金占用额由高至低填入表中第六栏。以此栏为准，将相应物品名称填入第一栏、物品单价填入第四栏，平均库存填入第五栏，在第二栏中按 1，2，3，4，…编号则为品目累计，计算品目数累计百分数填入第三栏，计算平均资金占用额累计填入第七栏，计算平均资金占用额累计百分数填入第八栏。

（4）根据 ABC 分析表确定分类。

按 ABC 分析表观察第三栏品目数累计百分数和第八栏平均资金占用额累计百分数，将品目数累计百分数较低而平均资金占用额累计百分数较高的几个采购物品确定为 A 类，将品目数累计百分数中等而平均资金占用额累计百分数中等的物品确定为 B 类，其余为 C 类。C 类情况和 A 类相反，其品目数累计百分数较高，平均资金占用额累计百分数则较低。

（5）绘制 ABC 分析图。

以品目数累计百分数为横坐标，以累计资金占用额百分数为纵坐标，按 ABC 分析表第三栏和第八栏所提供的数据，在坐标图上取点，并连接各点，则绘成 ABC 曲线。

根据 ABC 分析曲线对应的数据，按 ABC 分析表确定 A，B，C 三个类别的方法，在图上标明 A，B，C 三类，则制成 ABC 分析图。

3. ABC 分类分析法的具体应用

例 3-30　某医疗器械耗材生产企业库存物资的编号分别用字母 a—j 表示，物资的单价以及数量信息如表 3-32 所示。

表 3-32 采购物资单价、数量信息表

商品编号	单价/元	采购数量/件
a	4.00	300
b	8.00	1 200
c	1.00	290
d	2.00	140
e	1.00	270
f	2.00	150
g	6.00	40
h	2.00	700
i	5.00	50
j	3.00	2 000

解 ABC 分类管理方法：

A 类：资金金额占总库存资金总额的 60%~80%，

品种数目占总库存品种总数的 5%~20%；

B 类：资金金额占总库存资金总额的 10%~15%，

品种数目占总库存品种总数的 20%~30%；

C 类：资金金额占总库存资金总额的 0%~15%，

品种数目占总库存品种总数的 60%~70%。

根据已知数据，按照库存物品所占金额从大到小的顺序排列（首先要把 10 种商品各自的金额计算出来），计算结果如表 3-33 所示。

表 3-33 库存物品所占金额排列表

商品编号	单价/元	采购数量/件	金额/元	金额累计/元	占全部品种的累计比例	占全部金额的累计比例
b	8.00	1 200	9 600	9 600	10%	48.4%
j	3.00	2 000	6 000	15 600	20%	78.7%
h	2.00	700	1 400	17 000	30%	85.7%
a	4.00	300	1 200	18 200	40%	91.8%
f	2.00	150	300	18 500	50%	93.3%
c	1.00	290	290	18 790	60%	94.8%

续表

商品编号	单价/元	采购数量/件	金额/元	金额累计/元	占全部品种的累计比例	占全部金额的累计比例
d	2.00	140	280	19 070	70%	96.2%
e	1.00	270	270	19 340	80%	97.5%
i	5.00	50	250	19 590	90%	98.8%
g	6.00	40	240	19 830	100%	100%

根据以上表格的计算结果，按照 ABC 分类管理的方法可以对此企业的库存物资进行以下分类，如表 3-34 所示。

表 3-34　库存物资 ABC 分类管理表

分类	每类金额/元	库存品种数百分比	占用金额百分比
A 类：b，j	15 600	20%	78.7%
B 类：h，a	2 600	20%	13.1%
C 类：f，c，d，e，i，g	1 630	60%	8.2%

对于 A 类库存物资，即 b 和 j 两种商品，企业需对它们定时进行盘点，详细记录并经常检查分析货物使用、存量增减和品质维持等信息，加强进货、发货、运送管理，在满足企业内部需要和顾客需要的前提下，维持尽可能低的经常库存量和安全库存量，通过加强与供应链上下游企业的合作来控制库存水平，既要降低库存，又要防止缺货，加快库存周转。

例 3-31　某医疗器械公司保持 9 种商品的库存，有关资料如表 3-35 所示，为了对这些库存商品进行有效的控制和管理，该企业打算根据商品的投资大小进行 ABC 分类管理。

表 3-35　某医疗器械公司 9 种商品库存表

商品编号	单价/元	库存量/件
a	5.00	200
b	2.00	100
c	4.00	125
d	1.40	200
e	1.00	140

续表

商品编号	单价/元	库存量/件
f	7.50	1 000
g	3.00	120
h	1.00	120
i	0.70	100

解 A类：资金金额占总库存资金总额的60%~80%，

品种数目占总库存品种总数的5%~20%；

B类：资金金额占总库存资金总额的10%~15%，

品种数目占总库存品种总数的20%~30%；

C类：资金金额占总库存资金总额的0%~15%，

品种数目占总库存品种总数的60%~70%。

根据已知数据，按照商品所占金额从大到小的顺序排列，计算结果如表3-36所示。

表3-36 商品所占金额排列表

商品编号	单价/元	库存量/件	金额/元	金额累计/元	占全部金额的累计比例	占全部品种的累计比例
f	7.50	1 000	7 500	7 500	74.3%	11.1%
a	5.00	200	1 000	8 500	84.2%	22.2%
c	4.00	125	500	9 000	89.1%	33.3%
g	3.00	120	360	9 360	88.9%	44.4%
b	2.10	100	210	9 570	94.8%	55.6%
d	1.00	200	200	9 770	96.7%	66.7%
e	1.00	140	140	9 910	98.1%	77.8%
h	1.00	120	120	10 030	99.3%	88.9%
i	0.70	100	70	10 100	100%	100%

根据以上表格的计算结果，按照ABC分类管理的方法，可以对此企业的库存进行如下分类，见表3-37。

表 3-37　库存物资 ABC 分类管理表

分类	每类金额/元	库存品种数百分比	占用金额百分比
A 类：f	7 500	11.1%	74.3%
B 类：a，c	1 500	22.2%	14.8%
C 类：g，b，d，e，h，i	1 100	66.7%	10.9%

对于 A 类库存，即 f 商品，企业需对它们定时进行盘点，详细记录并经常检查分析货物使用、存量增减和品质维持等信息，加强进货、发货、运送管理，在满足企业内部需要和顾客需要的前提下，维持尽可能低的常规库存量和安全库存量，通过加强与供应链上下游企业的合作来控制库存水平，既要降低库存，又要防止缺货，加快库存周转。

（三）原材料库存账龄分析

库存管理是现代企业管理中非常重要的一环，好的库存管理控制可以有效降低企业生产总成本，提高企业生存竞争能力。原材料库存账龄分析表是库存管理的一个重要工具，能直观地反映出原材料库存账龄的结构状态。下面通过案例说明如何利用 Excel 的数据分析、统计与求和等函数功能制作原材料库存账龄分析表。

例 3-32　某骨科医疗器械公司仓库原材料出库遵从先进先出原则，运用基点库存表及每月采购入库数据推算原材料库龄。

基础数据：基点库存余额表、每月采购入库明细表（如需分析一年以上库存，则需要 12 个月以上的采购入库明细表）。

运用 Excel 函数：主要运用 IF，SUM 函数。

基础数据整理：在基点库存余额表基础上，根据每月采购入库明细，索引拉入物料的每月采购入库数据（建议使用 SUMIF 函数条件求和拉取数据）。下图（图 3-59）引入了该公司 2019 年 1—12 月份采购数据。

	A	B	C	D	E	F	N
1			每月采购入库明细表数据				
2	物料代码	期末库存	12月	11月	10月	------	1月
3	AAA10016	7,921	4,788	3,209			28,808
4	AAA10099	410			410		
5	AAA10152	4,205					2,267
6	AAA10155	88					
7	AAA10160	517		671			
8	AAA30010	493	4,147	799			1,262
9	AAA40121	2,866	2,866				
10	AAA40122	5,300	5,017	7,245			

图 3-59　某骨科医疗器械公司 2019 年 1—12 月份采购数据表

分析示例：12月底，物料代码 AAA10016 期末库存数为 7 921，12月采购入库 4 788，11月采购入库 3 209，由最近期往后推。

根据先进先出法的原理：库存结存数为最近采购入库的，7 921 为期末库存数，库龄分配为 1 个月以内库龄数量 4 788，1 到 2 个月内库龄数量 7 921－4 788＝3 133。结论：1 个月以内库龄为 4 788，1 到 2 个月内库龄为 3 133，以此类推。

现在推算图中库存库龄情况：

3 个月内，公式：＝IF(SUM(C3:E3)>B3,B3,SUM(C3:E3))（图 3-60）。

	A	B	C	D	O
1			每月采购入库明细表数据		
2	物料代码 ▾	期末库存 ▾	12月 ▾	11月 ▾	3个月内 ▾
3	AAA10016	7,921	4,788	3,209	=IF(SUM(C3:E3)>B3, B3, SUM(C3:E3))
4	AAA10099	410			410
5	AAA10152	4,205			－
6	AAA10155	88			－
7	AAA10160	517		671	517
8	AAA30010	493	4,147	799	493
9	AAA40121	2,866	2,866		2,866
10	AAA40122	5,300	5,017	7,245	5,300

图 3-60 公式计算（1）

4 到 6 个月内，公式：＝IF(SUM(F3:H3)>B3-O3,B3-O3,SUM(F3:H3))（图 3-61）。

	A	B	C	D	P
1			每月采购入库明细表数据		
2	物料代码 ▾	期末库存 ▾	12月 ▾	11月 ▾	4到6个月内 ▾
3	AAA10016	7,921	4,788	3,209	=IF(SUM(F3:H3)>B3-O3, B3-O3, SUM(F3:H3))
4	AAA10099	410			
5	AAA10152	4,205			－
6	AAA10155	88			88
7	AAA10160	517		671	－
8	AAA30010	493	4,147	799	
9	AAA40121	2,866	2,866		－
10	AAA40122	5,300	5,017	7,245	－

图 3-61 公式计算（2）

6 个月到 1 年内，公式：＝IF(SUM(I3:N3)>B3-O3-P3,B3-O3-P3,SUM(I3:N3))（图 3-62）。

	A	B	C	D	Q
1			每月采购入库明细表数据		库存库龄分配（数量）
2	物料代码 ▼	期末库存 ▼	12月 ▼	11月 ▼	6到1年内 ▼
3	AAA10016	7,921	4,788	3,209	=IF(SUM(I3:N3)>B3-O3-P3,B3-O3-P3,SUM(I3:N3))
4	AAA10099	410			–
5	AAA10152	4,205			2,808
6	AAA10155	88			–
7	AAA10160	517		671	–
8	AAA30010	493	4,147	799	–
9	AAA40121	2,866	2,866		–
10	AAA40122	5,300	5,017	7,245	–

图 3-62 公式计算（3）

1 年以上，公式：=B3-O3-P3-Q3（图 3-63）。

	A	B	C	D	Q
1			每月采购入库明细表数据		库存库龄分配（数量）
2	物料代码 ▼	期末库存 ▼	12月 ▼	11月 ▼	1年以上 ▼
3	AAA10016	7,921	4,788	3,209	=B3-O3-P3-Q3
4	AAA10099	410			–
5	AAA10152	4,205			1,397
6	AAA10155	88			–
7	AAA10160	517		671	–
8	AAA30010	493	4,147	799	–
9	AAA40121	2,866	2,866		–
10	AAA40122	5,300	5,017	7,245	–

图 3-63 公式计算（4）

如上述案例 3-32 所示，医疗器械生产企业可以利用 Excel 工具进行采购数据查找、数据统计与数据求和，应用数据统计技术中的查找函数来查询所需要的数据，应用统计函数与数组公式对相应的采购数据进行统计，应用求和函数与数组公式对采购数据进行求和，应用日期函数计算采购相应的业务结算单据，应用逻辑函数判断采购风险及供应商的等级，进而结合企业实际情况来做出科学合理的选择。

（四）供应商管理

1. 供应商绩效考核决策

在供应商管理过程中，一个很重要的内容就是对供应商进行持续绩效考核。企业必须具备一些考核、评价、管理及发展供应商绩效的工具。供应商绩效考核包含了一些方法和系统，为考核、评定或给供应商绩效排名持续收集和提供信息。在采购过程中，考核系统最核心的问题是考核什么及怎样对绩效类别分配权重。企业必须决定哪项绩效标准是客观（定量）的考核，哪项绩效标准是主观（定性）的考核。定性的服务因子见表3-38。考核的决策项目可以分为以下3个类别：

（1）质量表现：可以将供应商质量与之前明确好的绩效目标做对比，跟踪改进速度，并与类似供应商做对比。

（2）交货表现：可以评估供应商履行数量和到期日，数量、前置期要求和遵照交货期的表现可以帮助确定供应商交货表现。

（3）成本削减：可以通过许多方法考核成本的降低，常用的方法就是追踪供应商实际提出通货膨胀因子之后的成本。

表3-38　定性的服务因子

因子	描述
解决问题的能力	供应商对问题解决方法的关注
技术能力	供应商与行业内其他供应商相比的制造能力
持续进展报告	供应商现存问题或正在了解并沟通的潜在问题的持续报告
纠正措施的反应	供应商对要求纠正的行为采取的措施和及时反应，包括供应商对设计变化要求的反应
供应商成本削减的想法	供应商协助找出降低采购成本方法的意愿
供应商新产品支持	供应商协助缩短新产品开发周期、协助产品设计的能力
买方或卖方的协调性	对采购企业和供应商合作程度的主观分级

2. 供应商考核技术的种类

所有供应商考核系统都有主观要素，即使是应用计算机考核，系统的执行也需要主观决定。例如，需要对什么数据进行分析，采用什么类型的考核系统，包含哪些绩效类别，如何给不同类别分配权重，多长时间总结一次绩效报告，以及怎样利用绩效数据等都在一定程度上有主观成分。

在评估供应商绩效的时候，一般采用分类系统、权重评分系统、基于成本系统三种系统中的某一种。每个系统在使用的容易程度、所需资源及执行成本等方面有所不同。表3-39将这三种系统的优劣势进行了比较。

表 3-39 供应商考核和评估系统的比较

系统	优势	劣势	用户
分类系统	易于执行	最低的可靠性	
	需要数据最少	评估频率低	小型企业
	对只有有限资源的企业比较有利	比较主观	正在开发评估系统的企业
	低成本系统	通常是人工的	
权重评分系统	有灵活的系统		
	允许供应商排名	倾向于关注单价	绝大多数企业采用这种方式
	中等水平的执行成本	需要计算机技术支持	
	定性和定量因子结合到一个系统中		
基于成本系统	总成本的途径		
	识别供应商无绩效的具体方面	需要成本核算系统	大型企业
	客观供应商排名	复杂，执行成本高	拥有大型供应基地的企业
	最具潜力进行长期改进	需要计算机技术	

（1）分类系统。

分类系统是实施起来最简单也最基础的考核系统。就评定供应商绩效而言，它也是最主观的系统。这个系统要求对每个选择好的绩效类别分配等级。例如，可能的等级包括优秀、良好、一般和较差。这些主观评价由买家或内部使用者完成，或者二者同时完成。

分类系统对许多小型企业来说较为普遍，它给考核过程构建了一定的框架，但是对供应商真实的绩效并没有提供详细的见解。此外，由于分类系统经常依赖人工收集数据，企业总结供应商绩效报告的频率会比自动系统的总结频率低。

（2）权重评分系统。

权重评分系统克服了分类系统的主观性，按照不同的绩效类别，对其分配权重和数值分数。这种系统通常拥有较高的可信度和中等水平的执行成本。

权重评分系统同样也具有灵活性，使用者可以改变分配给每个绩效类别的权重，还可以改变绩效类别。例如，分销商的绩效类别及权重会与那些提供零部件的供应商的绩效类别及权重有所不同。

在权重评分系统的使用中也有一些重要的问题需要关注。首先，使用者必须选择要考核的绩效类别。其次，企业必须决定如何对每个绩效类别进行分配权重。虽然分配权重比较主观，但是企业可以周密计划且让不同职能部门参与进来，从而在确定绩效类别的权重方面达成一致。最后，在供应商绩效与目标绩效相对比之后，必须有一套规则对每一个类别进行打分。

表3-40描述了某有源医疗器械企业针对供应商考核的5分制的权重评分系统。对于绝大多数绩效类别，权重评分系统应该比分类系统具有更强的客观性。这个系统在评估供应商绩效时比分类系统更详细，而且实际操作中的等级评估制度会比表中所列出的要更详细。

表3-40　某有源医疗器械企业采用权重评分对供应商考核评估表（2019年第三季度）

绩效类别	比重	得分	加权分数
交货			
数量	0.10	4	0.4
准时	0.10	3	0.3
质量			
输入运货质量	0.25	4	1.0
质量改进	0.10	4	0.4
成本竞争力			
与其他竞争对手相比	0.15	2	0.3
提交的成本削减的办法	0.10	3	0.3
服务因子			
解决问题的能力	0.05	4	0.2
技术能力	0.05	5	0.25
纠正行为响应	0.05	3	0.15
新产品开发支持	0.05	5	0.25
总评级			3.55

注：1＝差，3＝一般，5＝优秀。

（3）基于成本系统。

在三种评估系统中，最完整、主观因素最少的就是基于成本系统。这个系统可以量化企业与某一家供应商做业务的总成本。对某一项产品或服务来说，最低的采购价格不一定总是最低的成本。

对于大多数具备计算机系统能力的企业，可以实施基于成本的供应商考核系统。

实施该系统最大的挑战就是区分并记录与供应商无绩效有关的成本。为了使用这个系统，企业必须计算出当一家供应商无法达到预期绩效时导致的额外成本。该系统最基本的理论就是计算供应商绩效指数（Supplier Performance Index，简称"SPI"）。该指数基值为1.0，它是对供应商所提供的每个项目或产品计算得出的总成本指数，即

供应商绩效指数＝（总采购+欠佳表现的成本）÷总采购

表3-41说明了如何采用基于成本系统的方法进行供应商考核。这个方法还包括为呈现供应商绩效的全貌而对定性服务因子的评估。例如，某有源医疗器械企业将每家供应商所拥有的两种集成电路商品的总成本进行比较，还根据供应商的服务因子评级对供应商进行了对比。A供应商是总成本最低的供应商，但不是采购价格最低的；B供应商是采购价格最低的供应商，却不是总成本最低的。此外，与其他两家供应商相比，C供应商得到了最低的服务评定分数。

表3-41 某有源医疗器械企业集成电路供应商绩效对比（2019年第一季度）

商品名称：集成电路				
零件编号	供应商	单价/美元	供应商绩效指数	总成本/美元
IC-04279884	A	3.12	1.20	3.74*
	B	3.01	1.45	4.36
	C	3.10	1.30	4.03
IC-04341998	A	5.75	1.20	6.90*
	B	5.40	1.45	7.83
	C	5.55	1.30	7.21
服务因子评级				
	A	78%		
	B	76%		
	C	87%		

注：*该项目中总成本最低的供应商（单价×供应商绩效指数=总成本）

表3-42总结了包含单独一种产品、一组项目的供应商绩效，详细列出了所有无绩效成本的事件，并且按照采购者的方式确定每个事件的成本及该季度无绩效的总成本。C行和D行包含了供应商绩效指数核算中所需要的数据，E行是定性的服务因子所得分数与总体最高分的比例。

在大多数情况下，很难估计出每个事件的成本，许多传统的成本系统在设计时并

未考虑到识别和捕捉这些数据关于质量成本的讨论。例如，交付延迟的平均成本的范围就比较广，取决于对客户订单的影响、潜在销量损失、行业停产成本等。许多企业为了克服这一点，就在每次无绩效事件发生的时候采用标准费用。

表 3-42　2019 年第一季度 A 供应商绩效报告

供应商：A			
商品：集成电路			
商品中的总零部件数量：2			
A. 本季度总采购金额：5 231.67 美元			
无绩效成本			
事件	发生次数	每次发生的平均成本/美元	扩展成本/美元
延迟交付	5	150	750
退回给供应商	2	45	90
废弃劳动力成本	3	30	90
原料再制成本	1	100	100
B. 所有无绩效成本			1 030
C. 采购+无绩效成本（A 行+B 行）			6 261.67
D. 供应商绩效指数（C 行/A 行）			1.20
E. 服务因子评级			78%

供应商绩效指数可能会提供不完整或误导性的供应商绩效评估效果。如果一家供应商迟交一天价值为 100 000 美元的原料，需要支付 5 000 美元，那么供应商的 SPI 为（100 000+5 000）/100 000，也就是 1.05。另一家供应商迟交一天价值为 300 000 美元的原料也需要支付 5 000 美元，供应商的 SPI 为（300 000+5 000）/300 000，即约为 1.017。尽管两家供应商都犯了同样的错误，但错误较小的供应商却得到了更严厉的处罚。Q 调整是一个标准化因子，它可以消除对高价值产品供应商的有利偏向。表 3-43 解释了如何计算加入调整因子之后的 SPI，这样在供应商之间就有公平的比较。

表 3-43　加入调整因子 Q 之后供应商绩效指数的计算

依照下面给出的关于供应商 A，B，C 的信息，其中每家供应商都有一次延迟交付的欠佳表现，需要缴纳 4 000 美元。假定供应商们所有批量的这种商品的平均成本都是 2 500 美元。

计算项目	供应商 A	供应商 B	供应商 C
第三季度装运	20 批，每批 500 美元	20 批，每批 1 000 美元	20 批，每批 10 000 美元
装运的所有价值	10 000 美元	20 000 美元	200 000 美元
平均每批成本	500 美元	1 000 美元	10 000 美元
欠佳表现所需支付的费用	迟交货物 4 000 美元	迟交货物 4 000 美元	迟交货物 4 000 美元
第三季度的 SPI	（10 000+4 000）÷10 000=1.40	（20 000+4 000）÷20 000=1.20	（200 000+4 000）÷200 000=1.02
所有供应商的每批货物平均成本	2 500 美元	2 500 美元	2 500 美元
Q 因子	500÷2 500=0.2	1 000÷2 500=0.4	10 000÷2 500=4

注：① Q 是一个消除偏向高价值货物的标准化因子，Q＝每家供应商原材料平均成本÷所有供应商原材料的平均成本。

② 尽管三家供应商都有着相同的欠佳表现，但是对它们来说，SPI 价值是不同的，由于存在高批量偏向，供应商 C 的 SPI 最低。

加入 Q 调整的 SPI 运算＝[原料成本+（欠佳表现成本×Q 因子）]÷原料成本。

供应商 A：[10 000+（4 000×0.2）]÷10 000=1.08；

供应商 B：[20 000+（4 000×0.4）]÷20 000=1.08；

供应商 C：[200 000+（4 000×4）]÷200 000=1.08。

Q 调整之后就可以进行公平对比。

第五节　统计技术在销售部门中的应用

随着现代科学技术的发展，通信手段不断增多，信息量猛增，如何使信息为企业所用是一个急需解决的问题。从市场营销方面分析，货物或服务从企业经过载体流向买方，货币从买方回流至企业，企业、市场、环境三者之间信息流动。企业要想有效、实效开展营销活动，需要的不仅仅是人才、资本、物料等方面的资源储备，还需要相关数据统计分析。

数据统计不仅仅是一项工作，它更应被看作是一种重要的经济资源。数据统计能够为企业领导层提供决策依据和建立科学的管理制度、机制。在医疗器械的市场营销中常应用数据统计进行市场销售调查、预测。市场营销中常用的统计技术有：量本利分析、线性回归分析、概率分析。

一、市场销售调查、预测中常用的统计方法

1. 变量类型

在第二章我们已经提到过，每一个问题都可以看作是一个变量。由于所提问题的性质不同，对应的变量类别就不一样，变量的类别由低到高依次为定类变量、定序变量、定距变量（定比变量）。

（1）定类变量：变量的不同取值仅仅代表了不同类的事物，这样的变量叫定类变量。问卷的人口特征中最常使用的问题，被访对象的"性别"就是定类变量。对于定类变量，加、减、乘、除等运算是没有实际意义的。

（2）定序变量：变量的值不仅能够代表事物的分类，还能代表事物按某种特性的排序，这样的变量叫定序变量。问卷的人口特征中最常使用的问题"教育程度"等都是定序变量，定序变量的值之间可以比较大小，或者有强弱顺序，但两个值的差一般没有什么实际意义。

（3）定距变量：变量的值之间可以比较大小，两个值的差有实际意义，这样的变量叫定距变量。问卷中调查被访者的"年龄"和"每月平均收入"等都是定距变量。

（4）定比变量：定比变量与定距变量在市场调查中一般不加以区分，它们的差别在于：定距变量取值为"0"时，不表示"没有"，仅仅是取值为0；定比变量取值为"0"时，则表示"没有"。上面举的"年龄""每月平均收入"也是定比变量，因为它们的"0"值都表示"没有"。而像"温度"这样的变量中的"0"值并不表示"没有"，而是表示"0℃"这一特定温度，这样的变量是定距变量，但不是定比变量。

由于市场调查中的定类、定序变量较多，为了能够使用更多的统计方法，常常将有些定类和定序变量通过某些转换变成定距变量或近似看成定距变量，这样只适用于定距变量的统计方法就可以用于这些定类和定序变量了。

根据研究的目的与要求，要选择不同的统计方法。如果是对一个变量取值的归纳整理及对其分布形态的研究，用频数分析（计算百分比等）、众数、中位数、均值和标准差等方法或统计量来描述；对两个变量的相关性分析，可以用卡方分析、单因素方差分析、简单相关系数、一元线性回归分析等方法；对多个变量间的相关性分析，可以用多元线性回归、判别分析、聚类分析、因子分析等方法。

在学习掌握这些统计方法的同时，还应该会熟练使用相关的统计软件，因为很多统计方法靠手工计算是难以完成的。现在普遍使用的统计软件是 SPSS，SAS 等。

下面我们在单变量分析中介绍一些常用的统计方法，主要介绍如何应用这些方法，并列举模拟案例，给出相应的用线性回归统计软件分析的结果，使读者能够较快地学会使用这些方法。

2. 单变量分析

（1）频数和百分比。

所谓频数（Frequencies），是变量某一个取值的个案数；所谓百分比（Percentage），是表示该取值的个数占总样本个数的比例，即频数/样本量×100%。将变量所有取值的频数和百分比列在一个表中，这种表叫频数表，从中可以看出变量各个取值的分布情况。

频数表分析方法一般适用于定序变量和定类变量。对定距变量，必须先将变量的取值进行分组，每一个分组作为一个新的选项，然后对这些新的选项进行相关计算。

例 3-33　表 3-44 为某医疗器械公司 A 产品的市场调查数据计算结果。

表 3-44　某医疗器械公司 A 产品的市场调查数据计算结果

变量标签	变量取值	频数	百分比	有效百分比	累计百分比
非常不好	1	1	0.2	0.2	0.2
不好	2	10	2.0	2.3	2.5
一般	3	193	38.5	44.3	46.8
好	4	216	43.1	49.5	96.3
非常好	5	16	3.2	3.7	100.0
缺失值	.	65	13.0		
总计		501	100.0	100.0	

表中第一列是"变量标签"，是对变量取值的说明（现在使用的 SPSS 软件虽然是英文版，但是已经可以兼容中文，变量标签可以使用中文表示）。

第二列是"变量取值",即"1"至"5",分别代表了对产品的评价为"非常不好""不好""一般""好""非常好",其中"."代表缺失值,即有些人没有回答此题。

第三列是"频数",对应的数值表示各个取值的个案数,这里认为"非常好"的有 16 人,认为"好"的有 216 人,认为"一般"的有 193 人,认为"不好"的有 10 人,认为"非常不好"的有 1 人,而没回答此题的有 65 人。

第四列是"百分比",是频数对样本量(501 人)的百分比。

第五列是"有效百分比",是频数对有效个案数(所谓有效个案数,即样本量减去缺失个案数)的比例,这里有效个案数是 436 人。

第六列是"累计百分比",是对有效百分比的逐行累加的结果。

从对该题的频数分析的结果来看,对 A 产品的评价总的来说还是比较好的。所有的样本中,认为"不好"或者"非常不好"的比例合计只有 2.5%,即占样本 2.5%的人不喜欢 A 产品。

(2)众数、中位数、平均数和标准差。

用于描述一组市场调查数据或资料的中心的常用统计量有三种:众数、中位数和平均数。平均数是最典型也是最常用的统计量,适用于定距变量和定比变量。平均数也是最有"意义"的统计量,它可以看作数据的"平衡点"或"重心"位置所在。因为平均数在计算时用到了所有的数据,所以与众数和中位数相比,平均数所包含的信息量最大。但是平均数受极端值的影响很大,个别的极端值会直接影响平均数的数值的变化,不如中位数和众数稳定。因此,如果调查的数据分布比较均匀,不存在极端值或数据对中心的偏离不是很大,平均数是很好的描述统计量;如果存在极端值数据或分布对中心的偏离比较大,还必须使用众数和中位数来补充描述。

众数、中位数、平均数都是对变量分布中心的描述。对变量的分布形状的描述,最常用的统计量是方差或标准差。标准差的大小反映了数据对均值的离散程度,标准差越小,表明数据越集中于均值附近,反之则越分散。任何统计分析软件都有标准差的计算,标准差是描述分布的分散(伸展)程度经常使用的统计量。

二、市场营销中常用的统计技术

(一)量本利分析

量本利分析作为当代管理的主要内容和基本方法,在企业经营管理工作中应用十分广泛，可以为企业的成本管理、经营决策和目标控制提供有效的管理信息。

1. 量本利分析的含义

量本利分析亦称本量利分析，简称 CVP 分析（Cost-Volume-Profit Analysis），指的是成本-数量-利润分析。它是以建立成本性态分析和变动成本计算模式为基础，研究企业在某段时间内的成本、业务量和利润三者之间的密切关系，揭示变量之间的内在规律，选择实现它们之间最优组合的方案，是为预测、决策和规划提供必要的财务信息的一种定量分析方法。

2. 量本利分析的基本方法

（1）量本利分析图。

企业进行量本利分析时，可以通过绘制量本利分析图的方法进行分析。在量本利分析图上，我们可以清晰地描绘出四个因素：单价、销售量、单位变动成本、固定成本。借助量本利分析图可以清楚明了地观察到相关因素变动对利润的影响，从而有助于管理者进行各种短期经营决策。

（2）量本利分析的基本假设。

量本利分析所建立和使用的有关数学模型和图形，是以下列基本假设为前提的：

① 成本性态分析假设。"总成本＝固定成本+变动成本"，这是量本利分析的基本假设。在相关范围内，固定成本总额和单位变动成本保持不变，而变动成本总额和单位固定成本与业务量成正比例变动。

② 销售收入与业务量呈完全线性关系。固定成本总额和变动成本单位额不变，单价也不因产销业务量变化而改变。

③ 产销平衡和结构不变假设。忽略存货水平变动对利润的影响。

④ 变动成本法的假定。假定产品成本是按变动成本法计算的。

（3）量本利分析的基本关系式。

销售收入 S=产量 Q×单价 P

生产成本 C=变动费用 V+固定费用 F

$\qquad$ =产量 Q×单位变动费用 Cv+固定费用 F

所以利润=$S-C=S-V-F=PQ-CvQ-F=(P-Cv)Q-F$

当盈亏平衡时，即利润为零，所以

利润=$S-C=S-V-F=PQ-CvQ-F=(P-Cv)Q-F=0$

得出：

① 盈亏平衡点的销售量和销售额：

$$Qo = F/(P-Cv)$$

$$So = F/(1-Cv/P)$$

② 销售收入扣除变动费用后的余额

$$(P-Cv)Q \text{——边际贡献 } M$$

单位产品的销售收入扣除单位产品的变动费用后的余额：

$$P-Cv \text{——单位边际贡献 } m$$

③ 单位销售收入可以帮助企业吸收固定费用或实现企业利润的系数。

$$1-Cv/P \text{——边际贡献率 } U=M/S$$

④ 盈亏平衡点的判定。

$$M-F=0 \qquad \text{盈亏平衡}$$

$$M-F>0 \qquad \text{盈利}$$

$$M-F<0 \qquad \text{亏损}$$

⑤ 目标利润 Pz 下的销售量与销售额：

$$Q = (F+Pz)/(P-Cv)$$

$$S = (F+Pz)/(1-Cv/P)$$

例 3-34 某医疗器械公司单个耗材产品的单价为 8 元，单位变动费用为 5 元，年销售额为 8 000 元，问该企业的固定费用不能多于多少？

解 已知 $S=8\,000$，$Cv=5$，$P=8$。

由 $So=F/(1-Cv/P)$ 得

$F=S(1-Cv/P)=8\,000\times(1-5/8)=3\,000$（元）。

即企业的固定费用不能多于 3 000 元。

例 3-35 某种有源医疗器械产品的销售额为 800 万元时，亏损 100 万元，当销售额达到 1 200 万元时，盈利 100 万元。试计算该产品盈亏平衡时的销售额。

解 由 $U=M/S$ 得 $M=S\cdot U$，由利润$=M-F=S\cdot U-F$ 得

$$\begin{cases} 800\,U-F=-100, \\ 1\,200\,U-F=100, \end{cases}$$

求得 $U=50\%$，$F=500$。

当盈亏平衡时 $So\cdot U-F=0$，所以

$So = F/U = 500/50\% = 1\,000$（万元）。

所以该产品盈亏平衡时的销售额为 1 000 万元。

（二）线性回归分析

1. 线性回归方程

线性回归方程从样本资料出发，一般利用最小二乘法，根据回归直线与样本数据点在垂直方向上的偏离程度最小的原则，对回归方程的参数进行求解。

线性回归分析是考察变量之间的数量关系的变化规律，它通过一定的数学表达式——回归方程来描述这种关系，以确定一个或几个变量的变化对另一个变量的影响程度，为预测提供数学依据。

例如，某种杯子产品 A 受到柜台摆放位置、包装、价格、促销活动等因素的影响，现在来预测 A 产品的销量。如果能将 A 的销量与其影响因素的关系量化，那么当这些影响因素变化时，就可以知道 A 产品的销量发生怎样的变化，从而达到预测的目的。回归分析就是在量化这种因果关系。

第一组概念：自变量与因变量。自变量是因，因变量是果。例如，"A 产品的销量受到价格的影响"，在这句话中价格是因，是自变量，用 x 表示；杯子的销量是果，是因变量，用 y 表示。

第二组概念：一元与多元。元是指自变量的个数。例如，研究价格 x_1 对杯子销量 y 的影响是一元回归；若研究价格 x_1、包装 x_2、促销活动 x_3 对杯子销量 y 的影响，则是多元回归，更确切地说是三元回归。

2. 一元线性回归模型

$$y_i = \beta_0 + \beta_1 x_i + \varepsilon_i, i = 1, 2, \cdots, n。$$

式中：y 为被解释变量（因变量），x 为解释变量（自变量），ε 是随机误差项，i 为观测值下标，n 为样本容量，β_0 与 β_1 是待估参数，称 β_0 为回归常数，β_1 为回归系数。

3. 多元回归模型

多元线性回归模型中自变量的个数在 2 个以上，模型的一般形式为

$$y_i = \beta_0 + \beta_1 x_{1i} + \beta_2 x_{2i} + \cdots + \beta_k x_{ki} + \varepsilon_i, i = 1, 2, \cdots, n。$$

式中：y 为被解释变量（因变量），$x_1, x_2, \cdots, x_k$ 为解释变量（自变量），ε 是随机误差项，i 为观测值下标，n 为样本容量，$\beta_0, \beta_1, \beta_2, \cdots, \beta_k$ 为 $k+1$ 个待估参数，β_0 称为回归常数，$\beta_1, \beta_2, \cdots, \beta_k$ 称为回归系数。

在应用线性回归模型时，必须满足以下假设：

（1）解释变量 $x_1, x_2, \cdots, x_k$ 是确定性变量，而且解释变量之间不相关。

（2）随机误差项具有 0 均值和同方差。

（3）随机误差项在不同样本点之间是独立的，不存在序列相关。

（4）随机误差项与解释变量之间不相关。

（5）随机误差项服从 0 均值和同方差的正态分布。

线性回归分析的基本步骤：

（1）确定回归分析中的自变量和因变量；

（2）从收集到的样本资料出发确定自变量和因变量之间的数学关系，即建立回归方程；

（3）对回归方程进行各种统计检验；

（4）利用回归方程进行预测。

例 3-36 A 公司是目前生产某种医疗器械产品的三家公司之一，其直接竞争对手是 B 公司，提供相同的产品与服务。另外，C 公司也是一个重要的竞争者。在过去的 24 个月中，A 公司产品的销售量（Q）、产品价格（P）、居民的人均年收入（M）、B 公司产品的价格（P_B）以及 C 公司产品的价格（P_C）均为 A 公司产品销量的影响因素。假定下个月 A 公司产品价格为 9.05 元，居民人均年收入为 26 614 元，B 公司产品的价格为 10.2 元，C 公司产品的价格为 1.15 元，利用线性回归软件预估 A 公司下个月的销售量。

解 首先，A 公司根据资料估计下面的线性需求方程的参数：

$$Q = a + b\,P + c\,M + d\,P_B + e\,P_C$$

式中：Q 为产品的销量，P 为 A 公司产品的价格，M 为居民的人均年收入，P_B 为 B 公司产品的价格，P_C 为 C 公司产品的价格，a 为截距，b，c，d，e 为偏回归系数。

表 3-45　线性回归软件的输出结果

Model	R	R Square	Adjusted R Square	Std. Error of the Estimate
1	0.985[a]	0.970	0.964	34.708 96

a. Predictors：(Constant)，P_B，P_C，M，P

ANOVA^b

Model		Sum of Squares	df	Mean Square	F	Sig.
1	Regression	736 912.31	4	184 228.078	152.923	0.000^a
	Residual	22 889.523	19	1 204.712		
	Total	759 801.83	23			

a. Predictors：(Constant)，P_B，P_C，M，P

b. Dependent Variable：Q

Coefficients^a

Model		Unstandardized Coefficients		Standardized Coefficients	t	Sig.
		B	Std. Error	Beta		
1	(Constant)	−343.784	414.076		−.830	0.417
	P	−195.895	11.041	−1.037	−17.743	0.000
	M	7.472E−02	0.010	0.405	7.359	0.000
	P_B	174.403	31.712	0.232	5.500	0.000
	P_C	81.057	22.166	0.166	3.657	0.002

a. Dependent Variable：Q

从表 3-45 可以看出，模型可以解释 97%的产品销售量的变化；模型整体非常显著，F 统计的相应概率值 $P<0.000\ 1$；四个参数 b，c，d，e 非常显著，t 统计的相应概率值 P 都远小于 0.01。所以，回归方程为

$$\hat{Q}=-343.748-195.895P+0.0742M+174.403\ P_B+81.057P_C$$

该公司下个月产品的销量为

$$\hat{Q}=-343.748-195.895\times9.05+0.0742\times26\ 614+174.403\times10.2+81.057\times1.15$$

$$=1\ 730.287\ 2$$

（三）概率分析

概率分析又称风险分析，是通过研究各种不确定性因素发生不同变动幅度的概率分布及其对项目经济效益指标的影响，对项目可行性和风险性以及方案优劣作出判断的一种不确定性分析法。概率分析常用于对大中型重要若干项目的评估和决策，通过计算项目目标值（如净现值）的期望值及目标值大于或等于零的累计概率来测定项目风险大小，为投资者决策提供依据。

1. 概率分析的方法

进行概率分析具体的方法主要有期望值法、效用函数法和模拟分析法。

（1）期望值法（Expectancy Method）。

期望值法在项目评估中应用最为普遍，是通过计算项目净现值的期望值和净现值大于或等于零时的累计概率，来比较方案优劣、确定项目可行性和风险程度的方法。

（2）效用函数法（Utility Function Method）。

所谓效用，是对总目标的效能价值或贡献大小的一种测度。在风险决策的情况下，可用效用来量化决策者对待风险的态度。通过效用这一指标，可将某些难以量化、有质的差别的事物（事件）给予量化，将要考虑的因素折合为效用值，得出各方案的综合效用值，再进行决策。

效用函数反映决策者对待风险的态度，不同的决策者在不同的情况下，其效用函数是不同的。

（3）模拟分析法（Model Analysis）。

模拟分析法就是利用计算机模拟技术，对项目的不确定因素进行模拟，通过抽取服从项目不确定因素分布的随机数，计算分析项目经济效果评价指标，从而得出项目经济效果评价指标的概率分布，以提供项目不确定因素对项目经济指标影响的全面情况。

2. 概率分析的步骤

（1）列出各种欲考虑的不确定因素。例如，销售价格、销售量、投资和经营成本等，均可作为不确定因素。需要注意的是，所选取的几个不确定因素应是互相独立的。

（2）设想各个不确定因素可能发生的情况，即其数值发生变化的几种情况。

（3）分别确定各种可能发生情况发生的可能性，即概率。各不确定因素的各种可能发生情况出现的概率之和必须等于1。

（4）计算目标值的期望值。

可根据方案的具体情况选择适当的方法。假若采用净现值为目标值，则一种方法是，将各年净现金流量所包含的各不确定因素在各可能情况下的数值与其概率分别相乘后再相加，得到各年净现金流量的期望值，然后求得净现值的期望值。另一种方法是直接计算净现值的期望值。

（5）求出目标值大于或等于零的累计概率。

对于单个方案的概率分析，应求出净现值大于或等于零的概率，由该概率值的大小可以估计方案承受风险的程度。该概率值越接近 1，说明技术方案的风险越小；反之，说明方案的风险越大。可以列表求得净现值大于或等于零的概率。

3. 项目收益

项目收益受到价格、成本等诸多因素的影响，而这些因素本身具有不确定性，因此项目收益有多个可能值，如净现值 $NPV_1, NPV_2, \cdots, NPV_n$，每种可能值对应的概率 $P_1, P_2, \cdots, P_n$（表 3-46），考虑到 NPV 的不确定性，对项目收益和风险进行评估。

表 3-46　项目收益与其发生概率

发生概率（P）	P_1	P_2	⋯	P_n
项目收益（以 NPV 为例）	NPV_1	NPV_2	⋯	NPV_n

以概率 P 为权重，计算 NPV 的加权平均［公式（3-41）］：

$$\mu = P_1 \times NPV_1 + P_2 \times NPV_2 + \cdots + P_n \times NPV_n = \sum_{i=1}^{n} P_i \times NPV_i \qquad (3-41)$$

其中 P_i 为第 i 种情况的概率，NPV_i 为第 i 种情况的净现值，μ 叫作期望。

4. 项目风险

在项目风险的评估过程中，风险的评估就是对偏离的估算。估算各种情况下的净现值对平均净现值（即期望 μ）的偏离。偏离程度越大，则风险越高。考虑到概率的影响，项目的风险以概率 P 为权重，各种情况下的净现值对期望 μ 的偏离的加权平均见公式（3-42）。

$$\delta^2 = \sum_{i=1}^{n} P_i \times (NPV_i - \mu)^2 \qquad (3-42)$$

在公式（3-42）中 δ^2 叫作方差。方差用平方替代绝对值，因此对方差开平方，得到的算术平方根即为标准差 δ［公式（3-43）］。

$$\delta = \sqrt{\sum_{i=1}^{n} P_i \times (NPV_i - \mu)^2} \qquad (3-43)$$

例 3-37　某医疗器械生产企业准备开发一种植入性医疗器械产品，该项目为企业所带来的净现值是不确定的，有关材料见表 3-47，试对该投资项目进行可行性评价。

表 3-47　该企业植入性医疗器械产品项目的净现值和对应概率表

概率 P	0.38	0.11	0.10	0.06	0.14	0.05	0.16
净现值 NPV	20	10	5	8	5	2	−5

解 第1步：计算项目平均收益。

根据公式（3-41），利用 Excel 中的 SUMPRODUCT 计算项目的平均收益 μ，如图 3-64所示。

$\times \quad \checkmark \quad fx$	=SUMPRODUCT(B1：H1，B2:H2)							
	B	C	D	E	F	G	H	I
概率P	0.38	0.11	0.1	0.06	0.14	0.05	0.16	项目平均收益μ
净现值NPV	20	10	5	8	5	2	−5	9.68

图 3-64　项目平均收益 μ 的计算

第2步：计算项目风险。

根据公式（3-43），计算项目净现值的标准差 δ 与变异系数 V，具体操作如图 3-65所示。

概率P	0.38	0.11	0.1	0.06	0.14	0.05	0.16	①项目平均收益μ
净现值NPV	20	10	5	8	5	2	−5	9.68
②离差平方 $(NPV_i-\mu)^2$	107	0	22	3	22	59	216	⬅ = (H2-I2)^2
③方差 δ^2	83.34							⬅ =SUMPRODUCT (B1：H1，B3：H3)
④标准差 δ	9.13							⬅ =SORT(B4)
⑤变异系数V	94.31%							⬅ =B5/I2

图 3-65　项目标准差 δ 与变异系数 V 的计算

从上表可知：$\mu = 9.68 > 0$，$V = 94.31\%$，说明该项目虽可行，但项目风险大，需要谨慎投资。

统计技术在医疗器械监督管理中的应用

根据医疗器械相关法规要求，医疗器械生产企业应建立并运行质量管理体系。医疗器械在备案注册时，应提交有效的质量管理体系文件。在医疗器械行政监督管理过程中，按照适用的法规不同，对质量管理体系考核工作涉及的体外诊断试剂产品、无菌和植入性产品及其他有源或无源类等医疗器械产品进行监督管理。

第一节　医疗器械质量体系考核概念

一、医疗器械质量体系现场考核

对医疗器械生产企业进行质量体系考核是政府行政监督执法的一项重要工作，也是保障社会公众安全的核心问题。良好的行政监督需要透明、详细的规章制度和专业水平。没有良好的行政监督，就不可能有公平有序的市场环境；没有公平有序的市场环境，就不可能有企业真正的发展壮大。

质量体系考核是基于产品注册、生产许可基础上的系统的、全面的对企业生产条件和质量保证能力的评估。质量体系考核现场检查工作涉及企业基础设施、工作环境、硬件资源、生产过程控制、质量管理体系运行与记录等。由于医疗器械生产在企业规模、产品类别、机构设置、人员结构、厂房布局、管理模式等方面存在千差万别，这些因素导致了质量管理体系现场考核工作具有复杂性和多样性的特点。通常，行政监管部门检查人员按照相应的法规条款要求进行判定时，无法考核该条款涉及的所有相关情况，而只能通过沟通交流、现场观察、查阅相关文件及记录等方式抽取适当的样本。因此，医疗器械质量管理体系考核的现场检查工作是一个不断抽样的过程。合理地使用统计技术，恰当地抽取样本对现场检查的正确性、充分性和有效性起着十分重要的作用，并直接影响对企业质量管理体系评价及审查结论的客观性和准确性。

表 4-1　质量体系考核与日常监督检查的区别

要求	质量体系考核	日常监督检查
"点与线"的关系	是质量管理的起步点，是基础，是前提，是起步的关键	是"点"的延续，督促构成"质量管理线"，是质量管理的展开和延续，是督促企业保持质量意识的外部约束
发生时间	注册前	注册后
体系关注度	全面完整、兼顾重点	关注重点、兼顾全面

二、医疗器械质量体系考核中的风险

（1）质量体系考核的核心就是帮助企业分析产品的风险、查找产品生产制造过程中的风险并有效地控制和降低风险。医疗器械产品的风险包括：

① 可能对人体（患者、使用者、操作人员）造成伤害的产品因素；

② 可能对环境造成危害的产品因素或过程；

③ 最容易出现或影响产品质量的因素或过程。

（2）质量体系考核中的产品风险识别，可以结合 ISO 14971 标准综合考虑。

① 产品风险类别：区分究竟是 Ⅲ 类产品还是 Ⅱ 类产品，是植入性、介入性还是普通 Ⅲ 类产品，是原创性产品还是仿制产品，是药械合用产品还是单一属性产品，对人体有无施加能量或射线，如伽马射线、X 射线、微波、超声波、射频、电能、热疗温度等。

② 产品风险存在的部位（部件）：识别是整个产品存在风险还是某个（几个）部位（部件）存在风险。例如，心脏支架是整个高风险产品；射频治疗仪其穿刺治疗针及其射频能量发生与控制装置均为高风险，当然一般穿刺针的风险要高于能量发生与控制装置的风险；输注器具、止血粉整个产品都是高风险；牙科治疗椅（床）其风险主要集中在牙科手机上。

（3）关注产品风险产生的原因。

① 材料/成分本身的风险。重点考虑生物相容性如何，如可吸收缝合线、可吸收人工锥体、可吸收骨钉、支架、敷料等。

② 材料之外的物质风险。例如，药物涂层支架，其药物涂层的风险可能未知，要考虑其对药物的效应、代谢、不良反应等风险的情况。

③ 是部件（或材料）本身所产生的，还是由外在部件传递或输入的能量带来的。例如，X 射线球管（X 射线的电离作用）、射频针引导产生的（高频电磁波热效应）能量、微波（特高频电磁波）热效应、超声波（高强超声能量）加热等。

④ 是产品固有的风险还是在生产加工制造过程中的添加物、残留物或其他化学物质带来的风险，要关注生产工艺中所涉及物质的风险。

（4）关注产品是否有电源风险。

对于带电源的有源医疗设备，分为两种情况：

① 直接接触患者的产品按 GB 9706，IEC 60601，YY 0089，YY 0455 等标准考虑，产品应用部分的防护程度可分为 B 型、BF 型和 CF 型；

② 不直接接触患者，而是由实验操作人员接触的产品按 GB 4793 标准考虑风险的控制。

（5）关注风险存在的环节。

① 来自设计环节，应重点考虑：

——施加能量的确定；

——电气安全执行的标准；

——植入、介入材料的选择理由；

——灭菌方式的选择（环氧乙烷、钴 60 辐照或其他方法）；

——工艺用水的验证确认、在线监控、制水设备的消毒方法。若采用臭氧消毒时应注意臭氧的浓度、输送、发生时间等要求；（注：有些输送臭氧的管道与大气直接相通，无法保证臭氧浓度）

——特殊结构的设计评审与确认。

② 来自原材料采购环节，应重点考虑：

——关键原材料的标准或性能参数；

——关键原材料供应商的评估；

——关键原材料的进货检验或验收。

③ 来自生产环节，应重点考虑：

——生产厂房设施条件是否满足产品的要求；

——生产操作人员能力是否满足要求；

——生产工艺是否设计合理，有无评审和验证、确认；

——关键工序或特殊过程是否明确，并有完善的程序文件和作业指导书。

④ 来自产品的清洗、包装环节，应重点考虑：

——清洗、包装的程序文件及作业指导书的规定；

——清洗、包装人员对清洗、包装要求的掌握情况与培训情况；

——对清洗设备或清洗过程的验证和确认。

⑤ 来自产品的灭菌过程，应重点考虑：

——灭菌过程控制的文件和作业指导书；

——灭菌人员的资质和培训；

——灭菌工艺和方法的确认；

——灭菌设备的验证。

⑥ 来自产品的使用环节，应重点考虑：

——购买产品的医院是否有能力使用；

——操作或使用的人员是否有资质，是否经过系统的上岗培训；

——产品使用说明书是否足够清楚明了；

——是否建立不良事件或质量事故的处理预案及报告制度。

⑦ 来自 IVD 产品的种类不同，应重点考虑：

——胶体金产品应特别注意湿度；

——酶标产品应特别注意温度的控制（2~8 ℃储存）；

——PCR 产品应特别注意因气溶胶的污染造成假阳性。

⑧ 其他方面应重点考虑：

——不同建筑物，气流应互不影响；

——洁净厂房排风送风口的位置，送回风的次数和比例，送回风口的数量、面积比；

——具有阳性物质、阳性病毒或菌株的产品应特别注意独立的送回风空调系统、过滤处理系统，排水系统必须经过无害处理并通过环保评估，物料传递窗应带有自净功能；

——动物源性、同种异体产品应特别关注对供应商的评价、材料来源的可追溯性，以及生产过程的工艺验证、灭菌确认、环保处理等。

——批号的规定。对于批量生产的产品，批号主要用于追溯。例如，用牛跟腱做促进组织生长的辅料，一批牛跟腱采购进厂，水解后分5次投料生产，这样就形成了1个主批、5个亚批。

——包装材料与事先印制批号风险。若包装材料事先印制批号，则无法控制产量多少，剩余的包装材料如何处理，是否销毁。

第二节 医疗器械质量体系考核中的统计技术

在医疗器械质量体系考核中，通常采用的统计技术是抽样检查。抽样检查是一项非全面的调查，是按随机原则从总体中抽取部分单位检查，用以推算总体的一种调查。抽样检查的方式分为随机抽样、分层抽样、机械抽样、整体抽样等。抽样检查时应关注抽样误差的处理。所谓抽样误差是指按随机原则抽样时，抽样平均数与总体平均数的差。影响抽样误差的因素主要有：

（1）抽样误差取决于抽样单位数的多少。在其他条件不变的情况下，抽样单位数愈多，抽样误差就愈小，反之抽样误差就愈大。

（2）抽样误差决定被研究标志的变异程度。反映各个标志值与平均数之间的差异程度的指标是方差。在其他条件不变的情况下，总体中某标志的方差愈小，抽样误差也就愈小，反之抽样误差就愈大。

应当指出，由于抽样检查是一种非全面的调查，抽样总体的综合指标只是根据抽取部分计算出来的，它和总体的综合指标之间必然存在一定的误差，也就是说抽样误差是抽样检查所固有的。因此，在抽样检查时，要研究如何抽样才能减小误差，如何控制抽样误差不超出研究问题所允许的范围使抽样总体有足够的代表性。

一、医疗器械不良事件报告中的统计技术

医疗器械不良事件监测是指对医疗器械不良事件的收集、报告、调查、分析、评价和控制的过程。医疗器械与药品一样具有一定的风险性，特别是与人体长时间接

触、长期使用、植入体内的医疗器械，在其对疾病诊治的同时，也不可避免地存在着相应的风险。只有通过对上市使用中发生的不良事件的监测和管理，最大限度地控制其潜在的风险，才能保证医疗器械安全有效地使用。

（一）什么是医疗器械不良事件

医疗器械不良事件是指已上市的医疗器械，在正常使用情况下发生的导致或者可能导致人体伤害的各种有害事件。

由于任何医疗器械产品都具有一定的使用风险，被批准上市的医疗器械只是一个"风险可接受"的产品。所谓"风险可接受"是指对被批准上市产品的使用风险已经采取控制措施，在现有的认知水平下，相对符合安全使用的要求。对某一具体的医疗器械产品而言，其上市前评价研究的结果，相对于整个产品的生命周期和使用范围来说，仅是用于判断是否能够适用于人体的阶段性结论，一些发生率较低的长期效应只有在产品投入市场、大量人群长期使用后才可能被发现。为此，只有通过持续开展对医疗器械不良事件的监测，才能及时有效地发现不良事件，为对存在安全隐患的产品采取相应的监管措施提供科学依据，以避免或减少同类不良事件在不同时间、地点的重复发生，降低患者、医务人员和其他人员的使用风险，充分保障社会公众安全。

（二）什么样的医疗器械不良事件应该报告

医疗机构是医疗器械使用的主要场所，最容易发现医疗器械不良事件。报告医疗器械不良事件应当遵循可疑即报的原则，即怀疑某事件为医疗器械不良事件时，均可以作为医疗器械不良事件进行报告。国家鼓励有关单位和个人在意识到一起严重的医疗器械不良事件时要及时向监管部门报告，并要求医疗机构发生医疗器械不良事件后，必须按国家医疗器械不良事件报告制度要求上报行政监管部门。

对于发生不良事件的医疗器械，生产企业应及时采取补救措施。根据不良事件的性质、程度采取的补救措施主要有：发布警示信息、暂停生产销售和使用、责令召回、要求其修改说明书和标签、组织开展再评价等措施。

（三）医疗器械不良事件监测的原因

（1）医疗器械具有的特性。

① 品种的多样性：医疗器械品种超过 4 000 种；

② 学科的综合性：医疗器械涉及多学科；

③ 使用的广泛性：医疗器械用于人类的健康防护和疾病的治疗诊断；

④ 作用的两重性：一是效益，医疗器械用于疾病的预防、诊断、治疗、保健和

康复；二是风险，医疗器械可能给使用者带来伤害，尤其是与人体长期接触、长期使用、植入人体的医疗器械。

（2）产生医疗器械不良事件的主要原因。

① 产品的固有风险（风险可接受）：设计因素，材料因素，临床应用。

② 医疗器械性能、功能故障或损坏，未达到预期的功能，如心脏瓣膜置换术后碟片脱落。

③ 标签、产品使用说明书中存在错误或缺陷，如角膜塑形镜（OK 镜）通过改变角膜的形态来矫治屈光不正，但"使用中应及时更换"在说明书中未予注明。

④ 医疗器械上市前研究的局限性。Ⅱ类、Ⅲ类医疗器械产品上市前，由监管部门对产品实行注册审批，对其安全性、有效性进行评价。但任何一种形式的评价都存在一定的局限性，如物理、化学、生物学、临床评价局限等。这些局限性都可能因当时科技水平的制约、实验条件的限制等因素，而留下一些不可预见的缺陷，只有通过不良事件的有效监测，对事件本身进行科学的分析和总结，并及时采取有效措施，才能保证医疗器械使用的安全有效，促进企业不断改进产品。

（3）医疗器械不良事件的严重性。

通过多年的发展，我国的医疗器械不良事件监测在发现医疗器械潜在风险，采取适宜控制措施方面的作用已经得到初步发挥，其中比较典型的案例是对注射隆胸产品聚丙烯酰胺水凝胶采取了停止生产使用的行政控制措施。对聚丙烯酰胺水凝胶产品的处理在一定程度上引起了管理部门、公众对医疗器械安全性问题的关注，就医疗器械不良事件监测工作而言，相关各方已充分认识其重要性：管理者真正认识到不良事件监测是医疗器械上市后监管的重要环节之一；在政策制定、资源配置方面引起了足够重视；生产企业责任意识加强，重视器械自身存在的安全性问题，主动上报不良事件的意识增强等。

（四）医疗器械不良事件监测历程

1. 国外医疗器械不良事件概况

美国是最早开展医疗器械不良事件监测的国家，1984 年颁布的美国联邦法规专门规定了报告（MDR）的相关要求，1990 年发布医疗器械安全法令，1992 年颁布医疗器械安全法令修正案等。欧盟、加拿大、日本、澳大利亚等也颁布相关法规，并先后开展了上市后医疗器械不良事件监测工作。1992 年，全球医疗器械法规协调组织（Global Harmonization Task Force，简称"GHTF"）成立，旨在协调全球医疗器械监管及其不良事件监测的相关法规及技术指南。该组织下设五个工作组：

第一工作组：医疗器械法规；

第二工作组：医疗器械不良事件监测；

第三工作组：质量管理体系；

第四工作组：质量管理体系审核；

第五工作组：临床安全性研究。

在以上组织机构中明确第二工作组负责医疗器械不良事件的监测。目前，针对医疗器械不良事件的监测的要求，第二工作组已制定了下列最终文件：

——任务和使命的陈述；

——生产商向管理部门报告的最少数据；

——美国、欧洲、加拿大、澳大利亚和日本医疗器械不良事件报告体系比较；

——医疗器械制造商或其授权代理商的不良事件报告指南；

——医疗器械上市后监控、国家授权管理机构报告交流标准；

——医疗器械制造商、代理人报告用户使用错误的建议；

——医疗器械制造商报告不良事件通用数据格式；

——医疗器械制造商医疗器械不良事件报告趋势；

——全球权威人士医疗器械报告；

——医疗器械不良事件报告时限；

——医疗器械警戒信息分析指南。

另外，在相关文件中规定了报告类型、报告范围和报告时限的要求。

（1）报告类型。

首次报告：制造商提交的有关报告事件的最初信息，这些信息并不完全，还需要一些补充。

跟踪报告：对首次报告的补充报告，其中的信息为首次未包含的内容。

最终报告：制造商提交的有关不良事件的最终报告，最终报告也可能就是首次报告。

趋势报告：根据全球医疗器械法规协调组织的第二研究组进行趋势分析后得出的信息。

（2）报告范围。

——非预期的死亡、严重伤害事件或重大公共卫生威胁事件；

——所有其他可报告事件。

（3）报告时限。

非预期的死亡或严重伤害，或造成严重公众健康威胁的不良事件，制造商必须立即报告；所有需上报的不良事件，也应该尽快上报，但不能晚于获知后 30 天。

2. 国内医疗器械不良事件监测概况

我国医疗器械不良事件监测工作从 2002 年 12 月开始，原国家食品药品监督管理局召开医疗器械不良事件监测试点工作会议，对血管内支架、心脏瓣膜、医用聚丙烯酰胺水凝胶、角膜塑型镜等品种重点监测，在 3 个试点地区、5 家医疗机构、8 家生产企业进行试点。2003 年 8 月，新增骨科植入物作为重点监测品种。2004 年 6 月试点工作结束，医疗器械不良事件监测工作在全国正式开展。

对于医疗器械不良事件监测，原国家食品药品监督管理局先后发布了《关于开展医疗器械不良事件监测试点工作的通知》《关于进一步加强医疗器械不良事件监测有关事宜的公告》等文件，明确了医疗器械不良事件监测的必要性、各相关部门的职责、报告的范围、报告的程序和报告的时限。2019 年 1 月 1 日，国家市场监督管理总局发布的 1 号令《医疗器械不良事件监测和再评价管理办法》正式实施，新版《医疗器械不良事件监测和再评价管理办法》从规范性文件提升至部门规章，从制度层面进一步明确不良事件监测和再评价的持有人主体责任。

3. 医疗器械不良事件报告统计分析

（1）按报告来源统计分析。

医疗器械不良事件报告中，按报告来源分为使用单位上报、持有人上报、经营企业上报、其他机构和个人上报。但总体来看，来自使用单位的报告较多，来自持有人的报告较少。持有人履行职责的自觉性仍需进一步提高。

（2）按事件伤害程度统计分析。

医疗器械不良事件报告中，按事件伤害程度分为死亡报告、严重伤害报告、其他报告。

（3）按医疗器械管理类别统计分析。

医疗器械不良事件报告中，按产品管理类别分为涉及Ⅲ类医疗器械的报告、涉及Ⅱ类医疗器械的报告、涉及Ⅰ类医疗器械的报告。涉及Ⅲ类和Ⅱ类医疗器械的报告占绝大多数，这与医疗器械风险程度高低相吻合。若部分报告可能涉及的器械管理类别不详时，应与医疗器械风险程度高低相吻合。进行管理类别统计分析时，可以根据收集到的数据将报告数量列位依次统计分析。

（4）按报告产品数量统计分析。

医疗器械不良事件报告中，按报告产品数量排名统计。这种统计可以根据发生的不良事件产品数量依次列位进行统计分析。

（5）按涉及使用人员统计分析。

医疗器械不良事件报告中，按涉及使用人员可以分为是由专业人员操作、由非专业人员操作、患者自己操作、操作人不详等几种情况进行统计。现有信息提示，操作人员是分析事件发生原因时要考虑的重要因素。

（6）按涉及实际使用场所统计分析。

医疗器械不良事件报告中，医疗器械使用场所分为医疗机构、家庭及其他，如体检中心等。目前，随着医疗卫生健康事业的发展，医疗器械的使用场所已呈现出多元化的趋势，使用场所的复杂性、风险性也是分析不良事件发生原因时需要考虑的因素之一。医疗器械不良事件监测与风险管理之间的关系，如图 4-1 所示：

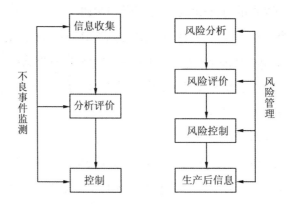

注：广义的不良事件监测概念包括了上市后风险管理的内容。

图 4-1　医疗器械不良事件监测与风险管理的关系图

二、医疗器械抽样检查中的统计技术

国家相关医疗器械法规规定，各级医疗器械行政监管部门可以根据产品类别、风险程度等因素对医疗器械产品进行抽样检查。抽样检查的方法是否科学、可靠、符合要求，抽取的样本能否代表总体，是医疗器械行政监管部门在制定抽样检查方案和抽样检查计划中需要重点关注的问题。目前，对医疗器械产品的抽样检查可以独立进行，也可以结合质量体系考核工作同步进行。

（一）抽样基础

抽样是在被评价的总体中抽取一部分个体加以检查，根据这一部分检查结果，以所抽取的个体对总体做出估计和判断的一种方法。抽样的合理性直接影响对产品质量最终结论的判定。

1. 抽样方法

常用的抽样方法包括随机抽样、系统抽样、分层抽样、整群抽样、多阶段抽样等。

（1）随机抽样。

随机抽样是指样本相对容量不大，每个个体基本相同时，对总体不进行任何处理，从总体中任意抽取 n 个样本，对样本中每个个体进行评价的方法，总体中每个个体被抽中的概率相等。

例如，某医疗器械公司生产 X 射线诊断设备，每月生产一批，每批 2~3 台。检查其生产过程控制时，考虑到其总体样本不大，产品个体差异较小，可随机抽取 2 个批次的单台产品的生产记录。

（2）系统抽样。

系统抽样也称为等距抽样或机械抽样。当总体中个体数量较多时，将总体分成较为均衡的几个部分，按预定间隔从每个部分中抽取一个样本。

例如，某医疗器械公司生产一次性使用输液器，全年连续生产，检查其洁净室日常监测情况时，考虑到其连续生产，且洁净室的环境受天气环境影响，可按照季度间隔，抽取 3 月、6 月、9 月、12 月的环境监测记录。

（3）分层抽样。

当组成总体的几个部分有明显的差异时，常将总体分成几个部分或几层，然后按照各个部分或各层所占的比例进行抽样。

例如，某医疗器械公司生产定制式固定义齿，主要产品为钴铬钼金属烤瓷冠、金属烤瓷桥、金属冠、金属桥，另外也生产少量的全瓷冠、全瓷桥。检查其生产过程控制时，可根据其产品工艺和产量，抽取 2~3 份金属烤瓷桥的生产记录和 1 份全瓷冠的生产记录。

（4）整群抽样。

整群抽样是指将整体中各单位归并成若干个互不交叉、互不重复的多个群，然后随机抽选一部分群，再以群为抽样单元，按某种抽样技术，如随机抽样、系统抽样、分层抽样，对被抽样群中的个体再进行抽样。

例如，某医疗器械公司将物料分为关键物料、一般物料和部分外协物料，并对其分别制定了采购技术要求。检查其采购过程控制时，可按照不同的管理模式抽取 2 份关键物料和 1 份外协物料的采购记录。

（5）多级抽样。

多级抽样也称为多阶段抽样，在抽取样本时，可以分为两个或两个以上的阶段从总体中抽取样本。其具体过程为：第一阶段，将总体分为若干个一级抽样单位，从中抽选若干个一级单位入样；第二阶段，将入样的每个一级单位分成若干个二级抽样单位，从入样的每个一级单位中各抽选若干个二级单位入样。依此类推，直到获得最终样本。

例如，某医疗器械公司生产体外诊断试剂产品，包括 10 种生化类产品（Ⅱ类和Ⅲ类）和 3 种试纸条（Ⅱ类），其中生化类产品产量不大，按订单生产，试纸条产量较大，全年连续生产。检查其检验过程控制时，可按照生化类和试纸条类分别抽样。其中生化类产品可抽取较大产量的Ⅲ类产品的检验记录，试纸条类产品可在全年生产批次中随机抽样。

2. 抽样数量

由于医疗器械产品类别较多，目前，对于产品抽样检查或现场考核时应抽取样本的数量尚无明确规定。检查人员可根据产品的情况和产品的风险、质量管理体系的运行情况、涉及样本的总体情况、审核时间及相关情况确定适当的抽样数量。针对某些条款，抽取的样本如果由于制度要求不合理或不符合企业要求而不合格，则抽到一个不合格样本即可判断该条款不合格。

3. 抽样的基本要求

（1）总体明确：针对检查的项目或标准条款要求，应明确企业所制定的相应制度或要求以及相关记录等情况；

（2）样本有效：抽样应符合检查目的要求，所抽样本应是检查范围内的有效样本；

（3）可测量：抽样的正确程度必须能够测量；

（4）过程简洁：抽样过程必须简单，以确保检查顺利进行；

（5）方法适用：针对具体项目和问题，以确保样本有代表性为目的，检查人员可以采用随机抽样的方法选取样本，也可以运用专业判断，采用非随机抽样的方法选取样本；

（6）数量适当：样本数量应符合抽样原理，均衡并有代表性；

（7）风险可接受：检查人员在制订抽样计划时，应保持应有的职业谨慎，考虑抽样风险是否降低到可接受的水平。检查人员可接受的抽样风险越低，需要的样本量越大。

质量体系现场考核时，应根据企业的具体情况，综合运用各种抽样方法。比如，分层抽样，若每层中个体数量仍很大，则可辅之系统抽样，系统中的每一均衡的部分又可采用随机抽样。

（二）抽样的基本原则

由于各种医疗器械产品的生产模式不同，适用的体系考核标准也有所不同。检查人员进行现场审查时，可以根据企业及申报产品的具体情况，灵活采用合适的抽样方式，且结合以下原则：

1. 抽取有代表性的产品

同时考核多个医疗器械产品时，综合产品性能结构、生产工艺、产品风险和产量等方面的情况，抽取有代表性的产品以及风险高和产量大的产品。

（1）同时考核普通医疗器械产品时，抽取典型产品重点考核。

例如，监管部门同时考核 A，B，C 三种规格的胃肠机和 D，E 两种规格的 X 射线拍片机，其中 C 规格胃肠机、E 规格 X 射线机为典型产品。那么，在确认企业具有各种规格产品生产能力并保留相关质量记录后，可以选取 C 规格胃肠机、E 规格 X 射线机重点考核。

（2）同时考核不同品种、不同规格、不同剂型等多个体外诊断试剂产品时，抽取的产品应覆盖不同方法、不同剂型。

例如，监管部门同时考核多品种体外诊断试剂产品，其中有普通生化试剂产品（有干粉、液体、冻干粉）和胶体金产品，那么，在确认企业同时具备各种产品生产能力并保留相关质量记录后，可以选取干粉、液体、冻干粉三种剂型的普通生化试剂产品和一个胶体金产品重点考核。

（3）同时考核无菌医疗器械产品或植入类医疗器械产品时，抽取其中的典型产品且覆盖无菌和植入性两种医疗器械。同时，优先考虑生产量较大或者产品安全性要求较高的一个或多个产品。

例如，某医疗器械公司同时申报髋关节系列产品、骨科手术工具。在确认企业同

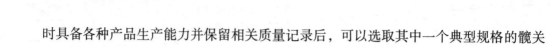

时具备各种产品生产能力并保留相关质量记录后，可以选取其中一个典型规格的髋关节产品和骨科手术工具重点考核。

2. 应考虑追溯因素

考核产品的设计控制、采购控制、过程控制、产品检验和试验控制时，可以围绕代表性产品某一序列号或批号展开。判断产品质量相关记录是否可实现全过程的追溯，考核相关质量记录的可追溯性和真实性。

在现场检查过程中，可从企业留样产品中抽取留样批次，也可抽取近期出库的批次予以考核。

3. 应覆盖所有生产地址

申请考核产品涉及一个以上生产地址的，应明确各生产地址间的关系以及各个地址的具体功能，抽样样本应覆盖所有生产及检验地址。

4. 应考虑样本的时间跨度

现场考核检查时，特别是产品延续注册申报质量体系考核的尽量抽取二年以上的记录，以考核企业质量体系运行的稳定性和连续性。

（三）ISO 13485 标准条款对应的抽样要求

现场考核检查要结合 ISO 13485 标准，在审查过程中应关注重点部分条款。现列举以下一些抽样建议：

4.2.4　文件控制

查看受控文件清单，检查文件控制的范围是否包括了管理性文件、技术性文件以及外来文件。

对于管理性文件，可随机抽取 2~3 份程序文件和三级文件，也可侧重抽查更改文件和换版文件。

对于技术性文件，可选择具有代表性产品的技术文件，也可侧重抽查新产品设计文件和设计更改产品的技术文件。

对于外来文件，可结合产品特点和检查人员的专业知识，侧重抽查与该类产品相关的和最新发布的法律法规文件以及产品技术标准，并随机抽取其企业产品标准中的引用标准。

一些条款贯穿于整个检查过程中，每个部门的检查都涉及文件和记录，要重点关注文件的控制情况。

4.2.5 记录控制

随机抽取 2~3 份记录或结合其他条款，考核记录贮存现场、贮存条件以及记录检索是否方便、是否清晰。

6.2 人力资源

结合产品特点和生产工艺，可侧重抽查以下人员的岗位职责、培训考核等情况，同时考虑人员的变动和任职时间，侧重抽查新入职人员。

（1）生产、技术、质量等相关部门的负责人；

（2）关键工序、特殊过程的生产操作人员；

（3）质量检验人员。

6.3 基础设施

对于一般性产品，重点考核基础设施，特别是生产设备、出厂检验设备的维护保养情况，是否制订维护保养计划（适用时），是否保持维护保养记录，抽查 2~3 份记录。

对于有洁净环境要求的产品，重点考核空调机组、制水设备、灭菌设备、封口设备、冻干设备及其他生产设备等维护保养管理情况，应抽取 2~3 台设备资料，检查其规定以及维护保养记录。

6.4 工作环境

对于没有洁净环境要求的产品，可结合环境控制点予以抽查一般环境管理情况。

对于有洁净环境要求的产品，若连续生产，可按照时间间隔抽查环境监测记录（包括所有监测项目）；若非连续生产，应重点抽查其生产量较大时间段的环境监测记录。对于有特殊要求的，还要结合具体情况予以侧重抽查。例如，有干燥要求的，应侧重抽查夏季的湿度记录。

7.2 与顾客有关的过程

查阅产品标准、销售协议、销售合同等文件，考核与产品有关的要求是否明确、充分，通常与相应的合同评审结合进行考核。

对于合同、协议评审的考核，首先要明确样本总体，即合同台账，而不是所有的合同记录，从中抽取 2~3 份，考核是否按要求进行了合同评审以及合同变更的控制情况。

对追溯要求较高的无菌和植入类产品，随机抽取 2~3 份分销记录及分销商资料，以考核是否满足可追溯性要求。

4.2.3/7.3 产品医疗器械文档/设计开发

对于首次注册产品，重点关注其设计开发情况，如有多个产品，可抽取典型产品，利用专业知识予以判断抽查，也可结合产品风险抽查高风险的产品。

对于重新延续注册产品，重点关注设计开发的更改情况，抽查有设计更改的产品，也可结合产品风险和产量予以抽查。

应抽查是否保持不同类别的产品医疗器械文档，是否能满足正确指导产品实现过程的需求。

7.4 采购过程

首先要识别采购产品对最终产品影响的程度不同，进行分类分级管理。明确对供方的管理办法，结合采购产品的情况予以抽样。

（1）不同的类别、级别，如重要原材料、一般原材料等；

（2）不同的供方管理办法，如外购、外协、外包、分装供方等；

（3）供方更改的情况；

（4）列入医疗器械管理的产品。

7.5 生产和服务提供

要重点关注生产过程的控制，了解产品的生产流程、关键工序和特殊过程，获取相关工艺文件、作业指导书。检查人员可根据专业知识和企业实际情况，考虑对以下方面予以抽样：

（1）产品的情况，如产品风险，产量；

（2）不同的生产工艺；

（3）关键工序和特殊过程；

7.5.6 过程确认

重点关注特殊过程，应对每个特殊过程考核，不宜抽样考核。检查以下几个方面：

（1）特殊过程的验证、确认方案、报告等记录；

（2）是否制定了相应的作业指导书，并考核现场操作是否与作业指导书保持一致；

（3）相关操作人员是否接受了专业培训，且具备上岗资格；

（4）相关的环境控制、参数控制等特殊要求是否与作业指导书保持一致。

当发生以下几种情况时，应进行再验证：

（1）设备维修后；

（2）操作人员发生变化；

（3）后续产品发生质量事故；

（4）生产地址变更；

（5）新的标准或法规要求。

7.5.8、7.5.9 标识和可追溯性。

该条款一般与7.5、8.2.6合并检查，如果生产和检验由不同的检查人员考核，应注意相互沟通。

7.6 监视测量设备

检查监视测量设备清单，对于进货检验和过程检验所用的检测设备和仪器可随机抽取；对于出厂检验所用的检测设备和器具，应全部予以检查。

8.2.6 产品的监视和测量

产品的监视和测量检查的重点是关注企业对产品质量的控制能力。检查人员应结合产品风险和产量等情况予以抽样，尽可能在7.5条款中已抽取的产品批号或编号中检查。

对于进货检验，应结合7.4的原则予以抽样。

对于过程检验，应考虑产品关键工序和特殊过程的检验。

对于出厂检验，应覆盖产品的全部出厂检验项目。

检查中应注意现场检查和文件检查相结合。适用时，对于无菌和植入性产品应同时考核工艺用水、工艺用气等制备过程的监测项目。

8.3 不合格品的处理

如果企业在生产过程中出现不合格品，可随机抽取2~3个不合格品处理记录，考核对不合格品是否按要求进行标识和处置，并保持质量反馈信息。

三、医疗器械现场监管检查案例分析

例 4-1 某医疗器械有限公司同时申报多个产品进行《医疗器械生产质量管理规范》植入性产品考核审查。申请考核产品的规格型号、注册情况以及生产地址，如表4-2所示：

表 4-2　某公司申报产品规格

序号	产品名称	规格	注册情况	生产地址
1	膝关节假体	KA，KB，KC，KD	延续注册	A，B，C
2	髋臼假体	EA，EB	延续注册	A，B，C
3	骨水泥搅拌及注入工具	A，B，C	首次注册	B，C

受理考核审查部门经与企业沟通后了解：膝关节假体、髋臼假体在 A，B，C 三个生产地址均可独立生产；骨水泥搅拌及注入工具的生产由 B，C 两个地址共同完成；四个产品的出厂检验均在 A 地址统一进行。三个生产地址分别具备独立的环境监测能力和水质监测设备。

针对上述情况在现场审查时，检查人员要查看以下全部项目且不应采取抽样的方式：

（1）每个生产地址是否具有生产车间、检验室，是否具备工艺用水、制水设备，且满足各产品生产工序的要求；

（2）每个生产地址是否具有相应的环境监测设备、水质监测设备以及实验室；

（3）每个生产地址是否具备膝关节假体、髋臼假体两个生产场地及必要的生产设备；生产地址 B，C 是否具备骨水泥搅拌及注入工具相应工序的生产场地和必要的生产设备；

（4）生产地址 A 是否具备膝关节假体、髋臼假体、骨水泥搅拌及注入工具三个产品必要的检测设备、生产场地；

（5）是否具备相应的原材料库、包材库、成品库以及成品留样库等。

按照《医疗器械生产质量管理规范》实施条款进行审查时，对各个现场可适当采用抽取样本的方式进行。

对于设计开发部分，重点审查骨水泥搅拌及注入工具的设计开发情况，以及膝关节假体、髋臼假体的设计更改情况。可通过审查骨水泥搅拌及注入工具及抽取某些型号膝关节假体、髋臼假体，审查设计开发过程控制情况。抽取型号时可参考各产品的销售量情况而定。

对于采购、生产、检验部分，可通过审查骨水泥搅拌及注入工具试生产的样机采购、生产、检验情况，抽取某些型号膝关节假体、髋臼假体近两年的采购、生产、检验资料进行审查。

对于设备维护、环境监测、水质监测、质量体系运行情况，可抽取近两年的检测记录，审查控制情况。

例 4-2　某公司生产肿瘤射频消融治疗系统，申请监管部门进行质量体系考核。监管部门受理后在规定的工作日内派出检查组到该公司进行质量体系考核，考核工作按下述流程进行。

（1）首先识别风险环节，该产品有下列特征：

① 射频治疗穿刺针属于无菌器械；

② 射频治疗系统是有源医疗设备；

③ 系统带有射频能量发生与控制装置；

④ 需要使用说明和技术培训；

⑤ 要建立不良事件管理机构及报告制度。

（2）分析风险可能发生的原理和涉及的因素。

① 射频治疗穿刺针设计阶段要考虑：

——针的材料选择及生物相容性；

——针的物理结构、特性及参数。

重点查看设计策划、设计输入、设计输出、设计评审、设计验证、设计确认、风险管理等控制文件。

② 射频治疗穿刺针生产阶段要考虑：

——针的生产工艺；

——关键控制点；

——作业指导书；

——无菌保证条件。

重点查看生产工艺验证、确认及工艺布局是否合理，作业指导书、过程检验的要求是否完整全面、科学、严谨，是否具备无菌保证措施等。

③ 射频治疗穿刺针属于无菌器械。

如果产品是外购，则要重点检查对供应商的评估及进货的验收文件、记录等；

如果是产品企业自己生产，则要重点检查洁净厂房、清洗、包装、灭菌等过程控制。

④ 射频治疗系统是有源医疗设备。

——了解其电路结构与采取的电击防护措施，重点查看其风险分析报告，有无遵循 GB 9706 电气安全和 YY 0505 电磁兼容的控制原则；

——查看其电路安全方面的设计评审。

⑤ 射频能量发生与控制装置。

——查看设计评审、设计验证等文件；

——查看电流、频率及温度控制系统的验证文件。

⑥ 使用说明和技术培训。

——查看使用说明书对操作安全及注意事项的描述是否充分明了；

——查看其对用户的培训文件、培训记录等，是否有足够的时间和培训师资条件，以保证用户掌握安全熟练操作。

——射频治疗系统售后阶段要考虑：

1° 设备的使用单位资质；

2° 操作人员的培训；

3° 使用说明书的完整性。

重点查看相关文件资料，实际销售后还要查看相关记录。

⑦ 不良事件管理及报告制度。

——查看不良事件报告文件、不良事件的报告职能有无明确。

1° 风险控制与规避措施；

2° 不良事件的报告制度等。

——查看不良事件和产品质量的跟踪随访文件规定及记录。

综合分析，监管部门在现场考核检查过程中，首先要做好前期的策划和准备工作，监管人员要认真熟悉产品功能特性、预期用途，充分运用统计技术的方法和工具，从核心部件、关键环节、风险控制等切入点展开。

——从风险环节或核心部件切入。

1° 上溯源：追踪供应商评估、采购订单、来料检验或入库验收等文件记录；

2° 下顺流：某一核心部件被装配到哪一台设备上了、销往何处等相关记录。

——从某个关键环节切入全面展开。

1° 查某工序的程序文件；

2° 查某过程的工艺文件；

3° 查该工艺的评审与确认、验证文件；

4° 查该岗位的人员上岗资质与培训；

5° 查该过程的生产记录；

6° 查该生产工艺的过程检验、质量控制点等。

四、常用抽样检查标准

抽样检查就是用尽量少的样本量来准确地判断总体质量状况，这是一个很复杂的领域。欲达到上述目的，根据不同的情况要采用不同的抽样方案或抽样系统。GB 2828系列标准给出了一个相对科学完整的抽样检验方法，但该标准要求各样本间相互独立，而在质量管理体系考核中涉及的样本并非如此。目前我国已正式颁布了十几个关于抽样检验的国家标准。例如：

GB/T 2828.1 计数抽样检验程序第1部分：按接收质量限（AQL）检索逐批检验抽样计划；

GB/T 2829 周期检查计数抽样程序及表（适用于对过程稳定性的检验）；

GB/T 8051 计数序贯抽样检验及表；

GB/T 8052 单水平和多水平计数连续抽样检验程序及表；

GB/T 8054 计量标准型一次抽样检验程序及表；

GB/T 10111 随机数的产生及其在产品质量抽样检验中的应用程序；

GB/T 13262 不合格品百分数的计数标准型一次抽样检验程序及抽样表；

GB/T 13264 不合格品百分数的小批计数抽样检验程序及抽样表；

GB/T 13546 挑选型计数抽样检查程序及抽样表；

GB/T 13732 粒度均匀散料抽样检验通则；

GB/T 13393 验收抽样检验导则。

通常情况下，在质量管理体系考核检查中涉及的样本之间相关性很强，监管检查人员可运用相关标准，抽查其中少量的样本便能判断是否符合某条款要求。

附录　统计用表

附表1　标准正态分布曲线下的面积，$\varphi(-z)$ 值

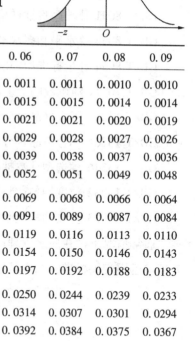

$-z$	0.00	0.01	0.02	0.03	0.04	0.05	0.06	0.07	0.08	0.09
-3.0	0.0013	0.0013	0.0013	0.0012	0.0012	0.0011	0.0011	0.0011	0.0010	0.0010
-2.9	0.0019	0.0018	0.0018	0.0017	0.0016	0.0016	0.0015	0.0015	0.0014	0.0014
-2.8	0.0026	0.0025	0.0024	0.0023	0.0023	0.0022	0.0021	0.0021	0.0020	0.0019
-2.7	0.0035	0.0034	0.0033	0.0032	0.0031	0.0030	0.0029	0.0028	0.0027	0.0026
-2.6	0.0047	0.0045	0.0044	0.0043	0.0041	0.0040	0.0039	0.0038	0.0037	0.0036
-2.5	0.0062	0.0060	0.0059	0.0057	0.0055	0.0054	0.0052	0.0051	0.0049	0.0048
-2.4	0.0082	0.0080	0.0078	0.0075	0.0073	0.0071	0.0069	0.0068	0.0066	0.0064
-2.3	0.0107	0.0104	0.0102	0.0099	0.0096	0.0094	0.0091	0.0089	0.0087	0.0084
-2.2	0.0139	0.0136	0.0132	0.0129	0.0125	0.0122	0.0119	0.0116	0.0113	0.0110
-2.1	0.0179	0.0174	0.0170	0.0166	0.0162	0.0158	0.0154	0.0150	0.0146	0.0143
-2.0	0.0228	0.0222	0.0217	0.0212	0.0207	0.0202	0.0197	0.0192	0.0188	0.0183
-1.9	0.0287	0.0281	0.0274	0.0268	0.0262	0.0256	0.0250	0.0244	0.0239	0.0233
-1.8	0.0359	0.0351	0.0344	0.0336	0.0329	0.0322	0.0314	0.0307	0.0301	0.0294
-1.7	0.0446	0.0436	0.0427	0.0418	0.0409	0.0401	0.0392	0.0384	0.0375	0.0367
-1.6	0.0548	0.0537	0.0526	0.0516	0.0505	0.0495	0.0485	0.0475	0.0465	0.0455
-1.5	0.0668	0.0655	0.0643	0.0630	0.0618	0.0606	0.0594	0.0582	0.0571	0.0559
-1.4	0.0808	0.0793	0.0778	0.0764	0.0749	0.0735	0.0721	0.0708	0.0694	0.0681
-1.3	0.0968	0.0951	0.0934	0.0918	0.0901	0.0885	0.0869	0.0853	0.0838	0.0823
-1.2	0.1151	0.1131	0.1112	0.1093	0.1075	0.1056	0.1038	0.1020	0.1003	0.0985
-1.1	0.1357	0.1335	0.1314	0.1292	0.1271	0.1251	0.1230	0.1210	0.1190	0.1170
-1.0	0.1587	0.1562	0.1539	0.1515	0.1492	0.1469	0.1446	0.1423	0.1401	0.1379

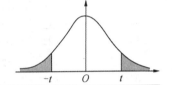

续表

$-z$	0.00	0.01	0.02	0.03	0.04	0.05	0.06	0.07	0.08	0.09
-0.9	0.1841	0.1814	0.1788	0.1762	0.1736	0.1711	0.1685	0.1660	0.1635	0.1611
-0.8	0.2119	0.2090	0.2061	0.2033	0.2005	0.1977	0.1949	0.1922	0.1894	0.1867
-0.7	0.2420	0.2389	0.2358	0.2327	0.2296	0.2266	0.2236	0.2206	0.2177	0.2148
-0.6	0.2743	0.2709	0.2676	0.2643	0.2611	0.2578	0.2546	0.2514	0.2483	0.2451
-0.5	0.3085	0.3050	0.3015	0.2981	0.2946	0.2912	0.2877	0.2843	0.2810	0.2776
-0.4	0.3446	0.3409	0.3372	0.3336	0.3300	0.3264	0.3228	0.3192	0.3156	0.3121
-0.3	0.3821	0.3783	0.3745	0.3707	0.3669	0.3632	0.3594	0.3557	0.3520	0.3483
-0.2	0.4207	0.4168	0.4129	0.4090	0.4052	0.4013	0.3974	0.3936	0.3897	0.3859
-0.1	0.4602	0.4562	0.4522	0.4483	0.4443	0.4404	0.4364	0.4325	0.4286	0.4247
-0.0	0.5000	0.4960	0.4920	0.4880	0.4840	0.4801	0.4761	0.4721	0.4681	0.4641

注：$\Phi(z) = 1 - \Phi(-z)$

附表2　t 界值表

自由度 ν		概率 P									
	单侧:	0.25	0.20	0.10	0.05	0.025	0.01	0.005	0.0025	0.001	0.0005
	双侧:	0.50	0.40	0.20	0.10	0.05	0.02	0.01	0.005	0.002	0.001
1		1.000	1.376	3.078	6.314	12.706	31.821	63.657	127.321	318.309	636.619
2		0.816	1.061	1.886	2.920	4.303	6.965	9.925	14.089	22.327	31.599
3		0.765	0.978	1.638	2.353	3.182	4.541	5.841	7.453	10.215	12.924
4		0.741	0.941	1.533	2.132	2.776	3.747	4.604	5.598	7.173	8.610
5		0.727	0.920	1.476	2.015	2.571	3.365	4.032	4.773	5.893	6.869
6		0.718	0.906	1.440	1.943	2.447	3.143	3.707	4.317	5.208	5.959
7		0.711	0.896	1.415	1.895	2.365	2.998	3.499	4.029	4.785	5.408
8		0.706	0.889	1.397	1.860	2.306	2.896	3.355	3.833	4.501	5.041
9		0.703	0.883	1.383	1.833	2.262	2.821	3.250	3.690	4.297	4.781
10		0.700	0.879	1.372	1.812	2.228	2.764	3.169	3.581	4.144	4.587
11		0.697	0.876	1.363	1.796	2.201	2.718	3.106	3.497	4.025	4.437
12		0.695	0.873	1.356	1.782	2.179	2.681	3.055	3.428	3.930	4.318
13		0.694	0.870	1.350	1.771	2.160	2.650	3.012	3.372	3.852	4.221
14		0.692	0.868	1.345	1.761	2.145	2.624	2.977	3.326	3.787	4.140
15		0.691	0.866	1.341	1.753	2.131	2.602	2.947	3.286	3.733	4.073
16		0.690	0.865	1.337	1.746	2.120	2.583	2.921	3.252	3.686	4.015
17		0.689	0.863	1.333	1.740	2.110	2.567	2.898	3.222	3.646	3.965
18		0.688	0.862	1.330	1.734	2.101	2.552	2.878	3.197	3.610	3.922
19		0.688	0.861	1.328	1.729	2.093	2.539	2.861	3.174	3.579	3.883
20		0.687	0.860	1.325	1.725	2.086	2.528	2.845	3.153	3.552	3.850

自由度 ν	概率 P									
	单侧：	0.25	0.20	0.10	0.05	0.025	0.01	0.005	0.0025	0.001	0.0005
	双侧：	0.50	0.40	0.20	0.10	0.05	0.02	0.01	0.005	0.002	0.001
21		0.686	0.859	1.323	1.721	2.080	2.518	2.831	3.135	3.527	3.819
22		0.686	0.858	1.321	1.717	2.074	2.508	2.819	3.119	3.505	3.792
23		0.685	0.858	1.319	1.714	2.069	2.500	2.807	3.104	3.485	3.768
24		0.685	0.857	1.318	1.711	2.064	2.492	2.797	3.091	3.467	3.745
25		0.684	0.856	1.316	1.708	2.060	2.485	2.787	3.078	3.450	3.725
26		0.684	0.856	1.315	1.706	2.056	2.479	2.779	3.067	3.435	3.707
27		0.684	0.855	1.314	1.703	2.052	2.473	2.771	3.057	3.421	3.690
28		0.683	0.855	1.313	1.701	2.048	2.467	2.763	3.047	3.408	3.674
29		0.683	0.854	1.311	1.699	2.045	2.462	2.756	3.038	3.396	3.659
30		0.683	0.854	1.310	1.697	2.042	2.457	2.750	3.030	3.385	3.646
31		0.682	0.853	1.309	1.696	2.040	2.453	2.744	3.022	3.375	3.633
32		0.682	0.853	1.309	1.694	2.037	2.449	2.738	3.015	3.365	3.622
33		0.682	0.853	1.308	1.692	2.035	2.445	2.733	3.008	3.356	3.611
34		0.682	0.852	1.307	1.691	2.032	2.441	2.728	3.002	3.348	3.601
35		0.682	0.852	1.306	1.690	2.030	2.438	2.724	2.996	3.340	3.591
36		0.681	0.852	1.306	1.688	2.028	2.434	2.719	2.990	3.333	3.582
37		0.681	0.851	1.305	1.687	2.026	2.431	2.715	2.985	3.326	3.574
38		0.681	0.851	1.304	1.686	2.024	2.429	2.712	2.980	3.319	3.566
39		0.681	0.851	1.304	1.685	2.023	2.426	2.708	2.976	3.313	3.558
40		0.681	0.851	1.303	1.684	2.021	2.423	2.704	2.971	3.307	3.551
50		0.679	0.849	1.299	1.676	2.009	2.403	2.678	2.937	3.261	3.496
60		0.679	0.848	1.296	1.671	2.000	2.390	2.660	2.915	3.232	3.460
70		0.678	0.847	1.294	1.667	1.994	2.381	2.648	2.899	3.211	3.435
80		0.678	0.846	1.292	1.664	1.990	2.374	2.639	2.887	3.195	3.416
90		0.677	0.846	1.291	1.662	1.987	2.368	2.632	2.878	3.183	3.402
100		0.677	0.845	1.290	1.660	1.984	2.364	2.626	2.871	3.174	3.390
200		0.676	0.843	1.286	1.653	1.972	2.345	2.601	2.839	3.131	3.340
500		0.675	0.842	1.283	1.648	1.965	2.334	2.586	2.820	3.107	3.310
1000		0.675	0.842	1.282	1.646	1.962	2.330	2.581	2.813	3.098	3.300
∞		0.674	0.842	1.282	1.645	1.960	2.326	2.576	2.807	3.090	3.291

参考文献

[1] 国家质量监督检验检疫总局，国家标准化管理委员会．统计学词汇及符号 第1部分：一般统计术语与用于概率的术语：GB/T 3358.1—2009［S］．北京：中国标准出版社，2009．

［2］国家质量监督检验检疫总局，国家标准化管理委员会．统计学词汇及符号 第2部分：应用统计：GB/T 3358.2—2009［S］．北京：中国标准出版社，2009．

［3］国家质量监督检验检疫总局，国家标准化管理委员会．数据的统计处理和解释 统计容忍区间的确定：GB/T 3359—2009［S］．北京：中国标准出版社，2009．

［4］国家标准局．统计分布数值表 正态分布：GB 4086.1—83［S］．北京：中国标准出版社，1983．

［5］国家标准局．统计分布数值表 χ^2 分布：GB 4086.2—83［S］．北京：中国标准出版社，1983．

［6］国家标准局．统计分布数值表 t 分布：GB 4086.3—83［S］．北京：中国标准出版社，1983．

［7］国家标准局．统计分布数值表 F 分布：GB 4086.4—83［S］．北京：中国标准出版社，1983．

［8］国家标准局．统计分布数值表 二项分布：GB 4086.5—83［S］．北京：中国标准出版社，1983．

［9］国家标准局．统计分布数值表 泊松分布：GB 4086.6—83［S］．北京：中国标准出版社，1983．

［10］国家质量监督检验检疫总局，国家标准化管理委员会．数据的统计处理和

解释　二项分布可靠度单侧置信下限：GB/T 4087—2009［S］. 北京：中国标准出版社，2009.

［11］国家质量技术监督局. 数据的统计处理和解释正态性检验：GB/T 4882—2001［S］. 北京：中国标准出版社，2001.

［12］国家质量监督检验检疫总局，国家标准化管理委员会. 数据的统计处理和解释　正态样本离群值的判断和处理：GB/T 4883—2008［S］. 北京：中国标准出版社，2008.

［13］国家质量监督检验检疫总局，国家标准化管理委员会. 正态分布完全样本可靠度置信下限：GB/T 4885—2009［S］. 北京：中国标准出版社，2009.

［14］国家质量监督检验检疫总局. 带警戒限的均值控制图：GB/T 4886—2002［S］. 北京：中国标准出版社，2002.

［15］国家质量监督检验检疫总局，国家标准化管理委员会. 数据的统计处理和解释　正态分布均值和方差的估计与检验：GB/T 4889—2008［S］. 北京：中国标准出版社，2008.

［16］国家标准化局. 数据的统计处理和解释　正态分布均值和方差检验的功效：GB 4890—85［S］. 北京：中国标准出版社，1985.

［17］国家质量技术监督局. 数据的统计处理和解释中位数的估计：GB/T 17560—1998［S］. 北京：中国标准出版社，1998.

［18］国家食品药品监督管理总局. 医疗器械　质量管理体系　用于法规的要求：YY/T 0287—2017［S］. 北京：中国标准出版社，2017.

［19］国家质量监督检验检疫总局，国家标准化管理委员会. 质量管理体系　要求：GB/T 19001—2016［S］. 北京：中国标准出版社，2016.

［20］韩卫国. 浅谈统计学中定量资料分析方法的应用［J］. 现代经济信息，2010（18）：140.

［21］李斌. 医疗设备器械管理——区域性质量控制的几个关键点［J］. 中国医疗器械信息，2009，15（4）：16-19.

［22］王建丽，张渭育. 统计学［M］. 北京：清华大学出版社，2010.

［23］刘勤，金丕焕. 分类数据的统计分析及 SAS 编程［M］. 上海：复旦大学出版社，2002.

［24］杨坚白，莫白达，冯札靖，等．统计学原理［M］．上海：上海人民出版社，1987．

［25］毛炳寰．用 Excel 和 SPSS 学习统计学［M］．北京：中国财政经济出版社，2005．

［26］谭洪华．五大质量工具详解及运用案例 APQP/FMEA/PPAP/MSA/SPC［M］．北京：中华工商联合出版社，2017．

［27］马林，何桢．六西格玛管理［M］．2 版．北京：中国人民大学出版社，2007．

［28］周建华．品管七大手法［M］．东方音像电子出版社，2007．

［29］蒋平．市场调查［M］．上海：上海人民出版社，2007．